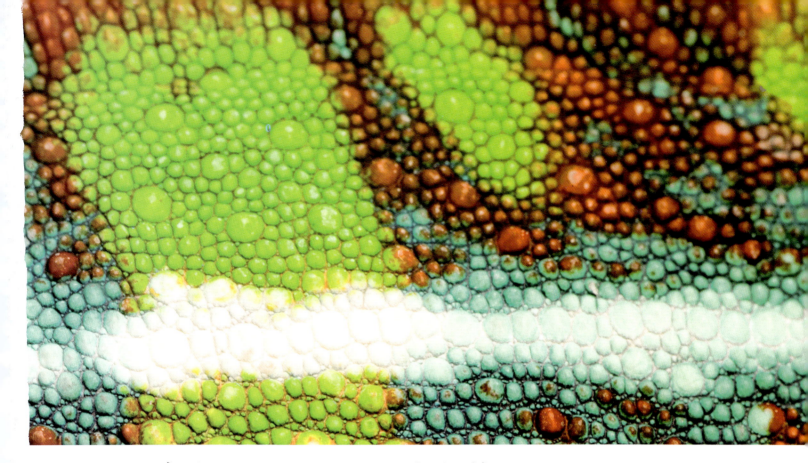

自然がつくる不思議なパターン

［ビジュアル図鑑］

自然がつくる不思議なパターン

なぜ銀河系とカタツムリは同じかたちなのか

フィリップ・ボール 著　桃井 緑美子 訳

PATTERNS IN NATURE
Why the natural world looks the way it does

Philip Ball

目次　はじめに
6

1
対称性
SYMMETRY
12

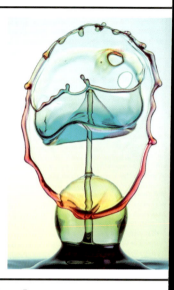

4
流れとカオス
FLOW AND CHAOS
106

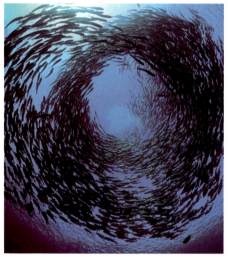

7
配列と
平面充填
ARRAYS AND TILING
188

[ビジュアル図鑑]
自然がつくる不思議なパターン

2016年11月8日　第1版1刷

著者　フィリップ・ボール
訳者　桃井緑美子
編集　尾崎憲和　田島進
装丁　岩﨑祐貴（インフォバーン）
発行者　中村尚哉
発行　日経ナショナル ジオグラフィック社
　　　〒108-8646 東京都港区白金1-17-3
発売　日経BPマーケティング

ISBN978-4-86313-359-4
Printed in China

©2016 日経ナショナル ジオグラフィック社
本書の無断複写・複製（コピー等）は著作権法上の例外を除き、禁じられています。購入者以外の第三者による電子データ化及び電子書籍化は、私的使用を含め一切認められておりません。

PATTERNS IN NATURE : why the natural
world looks the way it does / Philip Ball
Copyright © 2016 by Marshall Editions
All rights reserved. No part of this publication may be reproduced,
stored in a retrieval system, or transmitted in any form or by any
means (including electronic, mechanical, photocopying, recording,
or otherwise) without prior written permission from the publisher.

Japanese translation rights arranged with Marshall Editions Ltd.,
an imprint of Quarto Publishing plc through Japan UNI Agency,
Inc., Tokyo

2
フラクタル
FRACTALS
46

3
らせん
SPIRALS
78

5
波と砂丘
WAVES AND DUNES
140

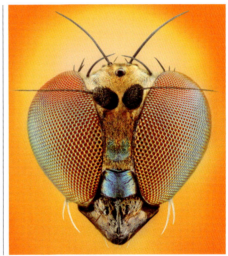

6
泡
BUBBLES AND FOAM
162

8
亀裂
CRACKS
220

9
斑点と縞
SPOTS AND STRIPES
246

用語集
282

参考図書
283

索引
284

クレジット
286

はじめに

世界は乱雑で渾沌とした場所だ。だが、私たちはその中に秩序を見出すことで、世界を理解しようとする。昼と夜、月の満ち欠け、潮の干満、季節の訪れ。そこに規則的な周期があることに私たちは気づき、自然の中に似ているものや予測のできるもの、規則正しいものを探す。そして、それらはいつしか科学の発展につながった。言い換えれば、私たちは複雑で豊饒な自然を解きほぐして、単純なルールに書き直し、初めは渾沌として見えていたものの中に、秩序を見出そうとするのだ。こうして人間はパターンを追い求める者になる。

それは人間の脳に組み込まれた習性なのである。周囲で繰り返される音や刺激を初めて感じとった赤ん坊のときから、私たちは自然のパターンと規則性に気づくことで、この世界を生きていく。複雑で高度なパターンの謎を解くのは科学者の仕事だが、パターンに気づき、その不思議さに驚いて歓声を上げ、同時にその美しさに胸打たれ、この世界の謎の一つを知ることは、科学者でなくても、誰にでもできる。

古代エジプト人からアメリカ先住民、オーストラリアのアボリジニまで、およそ地球上のどの文化も手工品を規則正しい文様で装飾している。それらを見るとその美しさに感心するだけでなく、なぜかほっとする。どこにでも秩序と節理はあるのだから、どんな運命が訪れても打ちのめされる必要はないと思わせてくれるからだろう。

私たちが新しいパターンをつくり出すときには、必要な要素を切ったり貼ったりして綿密に設計する。だから自然のパターンにも必ずつくり手がいるはずだ。そう思った昔の人々は、ハチの巣や動物の縞模様、ヒマワリの種のらせん模様、雪の結晶の六角形などを見出したとき、それらは全能の創造主の手になるものに違いないと考えたのである。

今日ではそんな風に考える必要はない。動物や植物のパターンの規則性が、基本的な物理法則と化学作用から生じたことは明らかで、おそらくは生物の進化の力に押されて選択され、磨かれたのだろう。だが、それでも謎は深まるばかりだ。あの精緻な自然のタペストリーは、設計図も先を見通す力もなしにいったいどうやって自らを織り、パターンを生み出したのだろう。

手がかりはパターンの見た目にある。自然のつくるパターンで最も不思議な点は、比較的限られた材料からできていること、そしてそれが何の共通点もなさそうな様々な系に、大きさを変えながら繰り返し現われることではないだろうか。

例えば、らせん、六角形、亀裂の枝分かれ、稲妻、そして点と縞。これらには、生物と無生物を軽々とまたぐほど広く現われるパターン形成の共通のプロセスがあるようだ。科学分野の一つひとつを区別するために私たちが引きたがる境界線などおかまいなしに。

成長と形成

これらのパターンにはどこかに共通するものがあるのだろうか。それとも見た目が似ているのはただの偶然なのだろうか。

この疑問に真剣に取り組んだ最初の人物が、スコットランドの動物学者、ダーシー・ウェントワース・トムソンだった。トムソンが1917年に世に出した著作『成長と

数学的整列

イスラム世界の伝統的な建築物の装飾には、宇宙の秩序を表わす凝った幾何学模様がよく見られる。イスラムの人々は、五角形や八角形など、それ自体では繰り返して平面を埋めつくせないパターン要素にことのほか魅力を感じていたようだ。

形』は、自然界のパターンと形に関する当時の知見を集成し、生物学と自然史、数学、物理学、工学を見事に統合した名著である。タイトルが示すとおり、トムソンはパターン形成が少なくとも生物において、またしばしば非生物においても静的なものではなく、成長から生じることを指摘した。

「あらゆるものはそうなる道をたどって今の姿になった」と彼は述べている。つまり謎の答えは、パターンは「そうなる道」をどうたどったのか、すなわちどのように成長したのかにあるのだ。これは思うほど簡単ではない。橋も水田もマイクロチップも、それがどんなものかを言い表わすには、普通は「どう見えるか」で説明される。「どうつくられたか」で説明されることはない。

トムソンには、生物界の形と秩序の謎を説明するのに、何かにつけチャールズ・ダーウィンの自然選択説をもち出す当時の行き過ぎた風潮に、一石を投じようという意図もあった。ダーウィン主義者たちは、「パターンにはその有機体の生存を助けるという適応上の目的がある」という考え方をしていた。必ずしもそうではない、とトムソンは警告した。そもそも自然は選択などしない。パターンは単に物理的な力によって決定されるのであって、生物にとって都合がよいから選ばれたわけではない。

この考え方は当時、ダーウィンの理論にも限界があることに気づかせたが、実際にはダーウィン説と矛盾するものではない。トムソンによれば、パターンは生物が適応するための選択肢を制限する。しかし、適応のた

1 ほとばしる自然の美
フサホロホロチョウ（アフリカ北東部原産）の豪華な羽飾り。

2 パターンはどこにもある
規則性と秩序は生物か無生物かにかかわらず自然界に浸透している。この花粉の1粒のように、顕微鏡（あるいは望遠鏡）でなくては見えないものもある。

めの新しい機会を提供しもする。ダーウィンの進化論と並行、ないしは調和して作用するのである。例えば色鮮やかな模様が見事なカムフラージュになったり、捕食者への警告や同種の仲間の認識に役立ったりすることもあるのだ。

さらに、トムソンの著作は同じパターンと形が生物と無生物にまたがって現われるのが、ただの偶然ではない理由を解き明かす一助になった。せっけんの泡の並び方がなぜ生体細胞の並び方や微小な海洋生物の網状の骨格に似ているのか。カタツムリの殻と宇宙の星雲がなぜ同じ関数で表わされる渦巻きになるのか、動物の背骨はなぜ橋の形に似ているのか。

驚異に囲まれて

トムソンは決してすべてを見抜いていたわけではないが、進む方向は正しかった。『成長と形』が出版されてからの100年で、新しい自然のパターンが数多く発見されて解明され、今日ではトムソンの時代にはなかった概念や実験手法、コンピューターなどを使って、それを専門に研究する科学者もいる。パターンと形の謎は非常に興味深く、取り組みがいがあるが、その魅力の大きい部分が「美しさ」にあることは疑いようがない。

米国の物理学者リチャード・ファインマンは、宇宙の働きについて次のように述べている。「自然は長い糸を使ってタペストリーを織る。だから自然の仕組みの一部を見るだけで、織り上げられたタペストリーの全体像がわかるのである」。この世界で作用する原理は普遍的である。わずかな一角を見るだけで、あたかも全体を展望するのと同じように、その原理がはっきり読みとれることがあるというのだ。例えば火にかけた鍋をのぞいてみれば、空の雲を形づくる対流のパターンを連想できる。体にめぐらされた血管網を見れば、大地を流れ、山脈を形成する河川網の形が思い浮かぶ。

だからといって、一つの大理論ですべてが説明できるというつもりはない――そういうものを追いかけようとする科学者は昔も今もいるのだが。そうではなくて、一つの主題から多くの変奏曲が生まれるのである。バリエーションはよく似たプロセスを経て生じる。それぞれのプロセスでは、重力か、熱か、進化か、なんらかの推進力が働いて、系を一定不変の状態にさせておかない。いくつもの作用が効果を及ぼし合い、ときに強め合い、ときに打ち消し合う。そして、推進力が閾値(しきいち)を超えたとき、突如として新しいパターンや形が出現する。小さい現象が大きい効果をもたらし、ここで起こっていることが遠く離れたところに影響し、偶然の出来事がその後の運命を決定する。パターン形成の大法則というものはなく、あるのは様々なレシピが載った料理本なのだ。

本書はそのレシピのすべてを、いや、おおよそでさえ説明するものではない。その仕事はほかの人がほかのところでやっている(巻末の参考図書を参照)。ここでの目的は、各レシピの特色を紹介することだが、もっと重要なのはそれが最大に花開いた姿をお見せすることである。このテーマは科学のほかのどの分野より、驚きに満ちたものになるだろう。

お断りしておかねばならないが、本書で紹介する写真の中には、科学ではまだ説明しきれていないものもある。おおまかな原理は明らかになっていても、細かい部分や微妙なところがまだわかっていないのだ。また、プロセスを説明するためではなく、ただ目を楽しませるために収めた写真もある。そういうものも抜きにはできない。分析し、計算するのもよいが、ただ驚嘆し、ほれぼれすることも私たちには必要なのである。

美しい自然のパターンは感動を与えてくれるが、ファインマンがほのめかしているように、何か深いものを指し示してもいる。世界を理解するには世界を分解するばかりでなく、組み立て直すことも必要だ。自然のパターンは、部分を見るだけでは想像できなかった、思いもよらない豊かな相互作用から現われる。そうやって新しい形が出現するのを見て「自然は自ら創造性を発揮しようとしている」といったとしても、それは神秘主義とか擬人化というのとは違う。

世界は単純な原則を用いてあふれんばかりの豊かさを創出する。まさにダーウィンのいったとおり、「きわめて美しい生物種が無限に進化してきた」のである。その美のいくらかをこれからお見せしよう。

パターンのパレット
ある種の形やパターンは見たところ何の関係もない系に繰り返し現われる。その一つがこの瑪瑙(めのう)の成長の波だ。

1

対称性
SYMMETORY

左はなぜ右に似ているのか
（そしてなぜ違うのか）

パターンとはなんだろう。私たちは普通、繰り返しのあるものをパターンだと考える。対称性を扱う数学は、繰り返しのあるものがどう見えるかとか、ある形がなぜほかよりも整っているのかを説明できる。対称性が、パターンと形の科学における「基本言語」になるのはそのためだ。対称性とは、あるものを鏡に映したり、回転させたり、移動させたりしても、その見た目が変わらない性質のことである。ただし、対称性と聞いて早とちりしてはいけない。自然界にある様々な形は、対称性を「つくる」ことで生まれるのではない。対称性を「破る」ことで生じるのだ。つまり「どの部分も同じ面白みのない均一な状態」を壊すことから、形は生まれるのである。したがって問うべきはこういうことだろう——なぜ均一でないものができるのか。対称性はなぜ、どのように破られるのか。

古来、人間は秩序ある世界に憧れてきた。紀元前4世紀にギリシアの哲学者プラトンはこう書いている。「神はすべてが善きものであることを、悪しきものが一つもないことを望んだので……目に見えるものを無秩序な状態から秩序ある状態へと導いた。無秩序より秩序のある状態の方があらゆる点でよいと考えたからである」。

プラトンは調和と均衡と対称を理想として、幾何学の原理に基づいて宇宙を理解しようとした。以来、この洞察は今日にいたるまで脈々と継承されている。現代の物理学者は、対称性は世界を理解するための鍵になる概念で、重要な物理法則にはこの特徴が見出せると考えている。

自然の中に見出される対称性とパターンという特徴は正確にはどんなもので、どこから生じるのだろうか。対称性を理解するには「物体や構造にある変換を加えても見た目が変わらない性質」と考えればよい。球体を思い浮かべてほしい。どんな方向に回転させても、回転させたとはわからない。回転させる前と後で、見た目が変わらないからだ。あるいは方眼紙の格子でもよい。方眼紙を格子ひとマス分だけ横に動かしても、動かしたことはわからない。

種類こそ違うが、どちらも対称性である。球体は、回転させても見た目が変わらないので回転対称性をもつという。方眼紙（へりはないものとする）は並進対称性をもつという。「並進」とはある方向へ移動させるという意味だ。また、球体はどんな角度で回転させても同じ見た目なので、完全な回転対称性である。では、サッカーボールはどうだろう。六角形と五角形のピースが組み合わされてできているサッカーボールは、ある決まった角度で回転させたときしか元の状態と重ならない。

もう一つは鏡像対称性である。方眼紙の上に鏡を立てたとき、鏡の前の格子とそっくり同じものが鏡に映る。ただしそうなるのは鏡を正しい位置に置いたときだけだ。格子線のちょうど上か格子の中間点である。中間点に置いたときは、見えている格子の半分は本物、あとの半分は鏡の中ということになる。さらにもう一つ、格子の対角線上、すなわち格子線に対して鏡が45度にな

1 ひそやかな対称性
カシパンウニは、五角形のような「5回対称性」があると見せかけているらしい。だが、楕円形の溝があるので対称ではない。

2 小石はみな同じ?
小石も平均すれば代表的な形というものが得られる。表面の曲率分布をグラフで表わせば数学的に記述できる。

るように置くこともできる。これももう一つの「対称面」である。45度以外ではどんな角度でも鏡像が元の格子と重ならないので対称面にはならない。

　以上の回転、移動、鏡映の三つの操作を数学では「対称操作」という。物体を見かけが変わらないように動かすことである。プラス記号（＋）と正方形は同じ操作で見かけが変わらないので、同じ性質の対称性をもつ。一方、正方格子と、ハチの巣や亀甲金網のような六角格子では、対称操作が異なる。

からだ

　自然界に多く見られる対称性の一つが左右対称である。左右対称なものは中心線に鏡を立てても見かけが変わらない。言い換えれば、左側と右側が互いに鏡像になっている。人間の体もこの特徴をもっている。ただ、私たちの対称性は進化の過程でいくぶん不完全なものになってしまった。その結果、対称性の高い顔の人の方が、より魅力的に見えるのだという。ほかの生きものの場合も、対称性が高いほど交尾相手をより多く獲得できるといわれている。

　左右対称は生きものの基本形といって差し支えなさそうだ。魚、動物、昆虫、鳥、みな体が左右対称である（生物学では左右相称ともいう）。なぜなのだろう。一つ考えられるのは、左右対称であることで特定の方向へ動きやすくなることである。水が流れるがごとく泳ぐ魚と、のたうつように動くヒトデを比べてみてほしい。また、左右対称の方が、脊柱と中枢神経から脳につながる神経系を発達させやすいということもありそうだ。ヒトデでさえ祖先は左右対称だった。事実、ヒトデも幼生

> **"現代の物理学者は、対称性は世界を理解するための鍵になる概念だと考えている"**

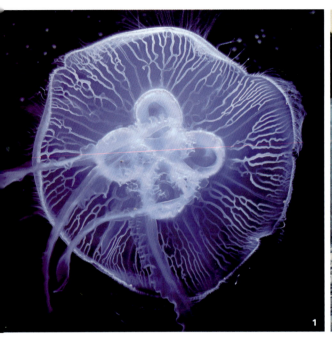

1 クラゲ
「きわめて美しい生物種が限りなく…」。進化によって生まれた多様な形をダーウィンはそう言い表わした。

2 引き潮
自然の力が自発的に砂を刻んで砂紋が残る。

3 "左右相称"動物
二つで一つ。アトラスガ。

の段階ではまだ左右対称で、あの星形は成熟してからの形態なのである。ヒトデの成体の星形は「放射対称」と呼ばれ、一つの軸を中心に決まった角度で回転させたときのみ元の形と重なる。

動物は少なくとも5億年以上前に左右対称の体を獲得した。そうでない生きものは、代わりにもっと広い意味での対称性をもつか、まったくもたない傾向にある。例えばカイメンやサンゴは、管や樹枝のような形をしているか、あるいはしわしわの菌類のような形をしていて、海生植物と間違えられやすいだろう。また触手のあるイソギンチャクには、放射対称に近い形をしたものが多い。上下ははっきり区別できるが、横はどの角度からも同じ形に見える。

対称性の破れとパターン形成

生命のあるものもないものも、「すべての系とプロセス」は自発的に秩序とパターンのある状態になっていく。言い換えれば自己組織化するのである。これを説明するのに、もう神の計画をもち出す必要はない。不可思議なものはここには一つもないからだ。

だからといって、そういうものを目にしたときに驚いたり感心したりする必要はない、ということではない。分子、粒子、砂粒、石、液体、生物組織などは、青写真も指示書もないのに、往々にして規則的で幾何学的なパターンを自ら形成する。自然法則は「無償で」秩序を生み出せるようだ。

> "左右対称は生きものの基本形といって差し支えなさそうだ。
> 魚、動物、昆虫、鳥、みな体が左右対称である"

　個々の要素の振る舞いを支配する基本ルールがどのように規定されているかわからなくても、パターンは系に現われる。この場合、パターンと秩序は「創発的」だと考えられている。創発的とは、部分の性質の単純な総和にとどまらない特性が、全体として現われることだ。個別の要素に着目して、それを足し合わせれば理解できるというものではない。

　対称性はパターンがどのように現われるかを理解する基本である。壁紙のデザインやペルシャ絨毯など、私たちは日常的にパターンと対称性を結びつけている。だから自然のパターンが自発的に現われる背後には、自発的な対称性の生成があると考えがちだ。しかし実際には、その逆である。パターンは対称性の（部分的な）破壊から生まれるのである。

　最も対称性の高いものといわれて思いつくのは、回転させたり鏡に映したり、移動させたりしても見かけが変わらないものだろう。それが完全に均一なものならそのとおりだ。したがってパターンのない均一なものからパターンを得るには、対称性を低下させる必要があるのだ。これを科学の言葉で「対称性の破れ」と呼ぶ。自然はこのようにして、初めは同じだったものを違うものにするのである。対称性の破れが大きいほど、パターンはそれだけ緻密で凝ったものになる。

　ランダム性は均一性の逆だと思うかもしれないが、実は同じものともいえる。ランダムな構造でも、平均すれば完全な対称性と均一性をもつからだ。つまり「特

4 行儀よく回れ
放射対称のサンゴ。回転させると、数度ごとに同じに見える。

5 点を中心に
星型をした放射対称のヒドラ。

定の」方向をもたないということである。

　自然界では、完全な均一性ないしランダム性は少なくとも日常的なスケールでは意外なほど見つかりにくい。海辺に立っているところを想像してみよう。空には雲がすじや羽毛のようなパターンを描いて浮かんでいる。海面は波立ち、波打ち際に波が寄せては返す。浜辺にはそれぞれ特徴のある花と葉をもつ植物が生えている。砂浜には、さざ波のような砂紋が残り、繊細な模様の貝殻が散らばっている。どこも形でいっぱいだ。見事なまでに多様で、ランダム性からも均一性からもほど遠い。対称性はそこでもここでも破れている。

原因と結果

　自然界で対称性が破れるとき、多くはその理由が見あたらない。ここがポイントだ。レンガを規則的なパターンで組み上げて壁をつくるなら、それはそのようにレンガを積んだからである。均一で対称性のある紙で紙飛行機をつくれば、対称性は破られる。そのように紙を折ったからだ。対称性は何らかの力に強いられて破られる。対称性の破れの原因は明らかだ。この場合は動かした手、つまり私たちが力を加えたのである。

　これを静かな水面に落ちる水滴と比較してみよう。落下中の水滴は初めは完全な円対称で、水面に平行な、どの方向からも同じに見える。だが、落ちた瞬間にふちのついた王冠の形にはね上がり、そのふちが分裂して先端から小さいしずくが飛び散る。もはやふちは円対称ではなく、ヒトデと同じ特定の方向のある対称性の低い放射対称になっている。飛び散るというプロセスが小さい水滴の対称性を自発的に低下させたのである。

　本書ではこのような対称性の破れの例を数多く見ていくことになる。静止した水の層は、下から不均等に熱せられると上下に循環する対流セルに分かれる。収

自然の芸術的造形
尾索動物（1）や棘皮動物（2）などの海洋無脊椎動物の装飾的な対称性と美しい色。20世紀初めのドイツの生物学者、エルンスト・ヘッケルはときに誇張気味に描いた。

縮する物質の表面は網目状にひび割れる。よく混ぜ合わせた化学物質の混合液から渦巻きのパターンが生じる。あちこちで目にする自然のパターンはこのようにして生まれる。まるで殺風景な世界に魔法でポンと出現させたようではないか。

クモの巣にも魔法は起こる。クモの巣は自然のつくる華麗なパターンだが、ただし自発的ではない。クモが苦労して糸を1本1本張りながらつくっている。朝露のついているクモの巣をよく見れば、真珠の首飾りをかけたように小さい水の玉で美しく飾られているのがわかるだろう。クモがやった？ そうではない。露が絹のような糸を濡らして自己組織化したのである。クモの糸に付着した細い円柱状の水は不安定だ。糸に揺れが生じると小さい玉に分裂し、揺れの波の頂点のところに一つひとつが規則的に間隔をあけて並ぶ。

対称性はパターンと形について考えるのに役立つが、見たところ対称性のまったくない不規則なものにも秩序が隠れている。それを暴くのは数学だ。小石を思い浮かべてほしい。その形をどう言い表わせるだろうか。ボールのように丸いが球ではない。完全な球なら表面のどこをとっても曲率が同じなので、数学的に簡単に記述できる。だが、小石の場合は表面の曲率が一様ではないし、石によっても少しずつ違う。曲率には幅があるのだが、たくさんの小石を集めて曲率を段階ごとにまとめてグラフにすることで、典型的な「小石形」が記述できる。

小石は球と違って凹状の部分、つまりへこみもある（じゃがいもも同じで、くぼんでいるところは皮をむきにくい）。数学では、へこみは負の曲率をもつ。したがって小石の曲率の分布を表わすグラフには、正の値だけでなく負の値もある。

そして、どんな小石を集めても、曲率分布グラフは同じ形、鉤鐘形になるのだ。1個1個の形は違っても、平均すれば曲率分布で表わされる一つの「小石形」というものがあるということだ。数学は見た目の多様さの奥に潜んでいる共通の形を明かしてくれるのである。

自然の曲線美
美しく巻いたシャクガの吻（ふん、口先）。短い毛が規則的に生えている。

"見たところ対称性のまったくない不規則なものにも秩序が隠れている。それを暴くのは数学だ"

他人のそら似

花粉
花粉の粒子（1）やドウダンツツジ（2）の
ような花には厳密な対称性はないが、
秩序立ったパターンが感じられる。

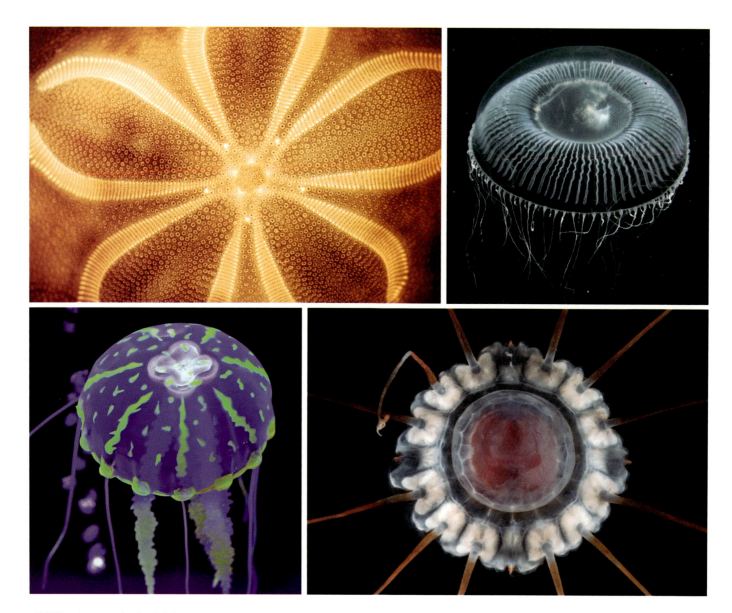

"放射状の主題による優美な変奏曲"
5種のクラゲが自然の創作力を披露する。

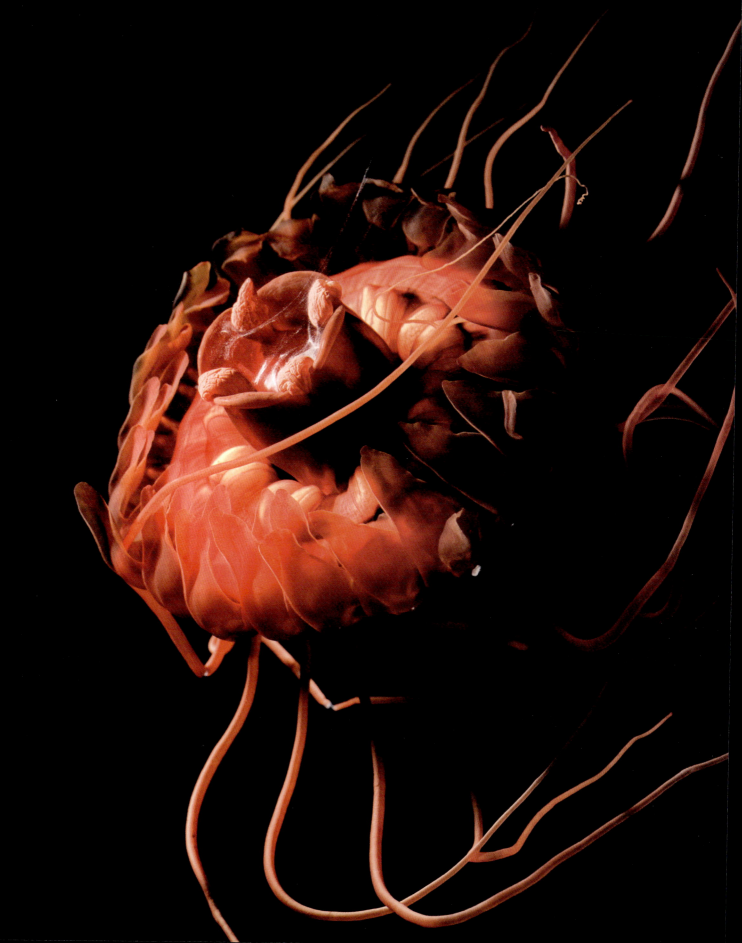

"テイク・ファイブ"
5回対称はヒトデやウニなどの棘皮動物に好まれる。奇妙なことに、これらの生物は左右対称（2回対称）の祖先から進化した。

左右対称の昆虫
イトトンボの左右対称の頭（1）はまるで地球外生物のようだが、どこかヒト型ロボットを思わせもする。きちんと鏡面対称になった模様をもつのはアカスジカメムシ（2）、フノジタタマムシ（3）、オオカバマダラ（4）。成虫の体を形成中のユスリカのサナギ（5）はしだいに左右対称をなしていく。

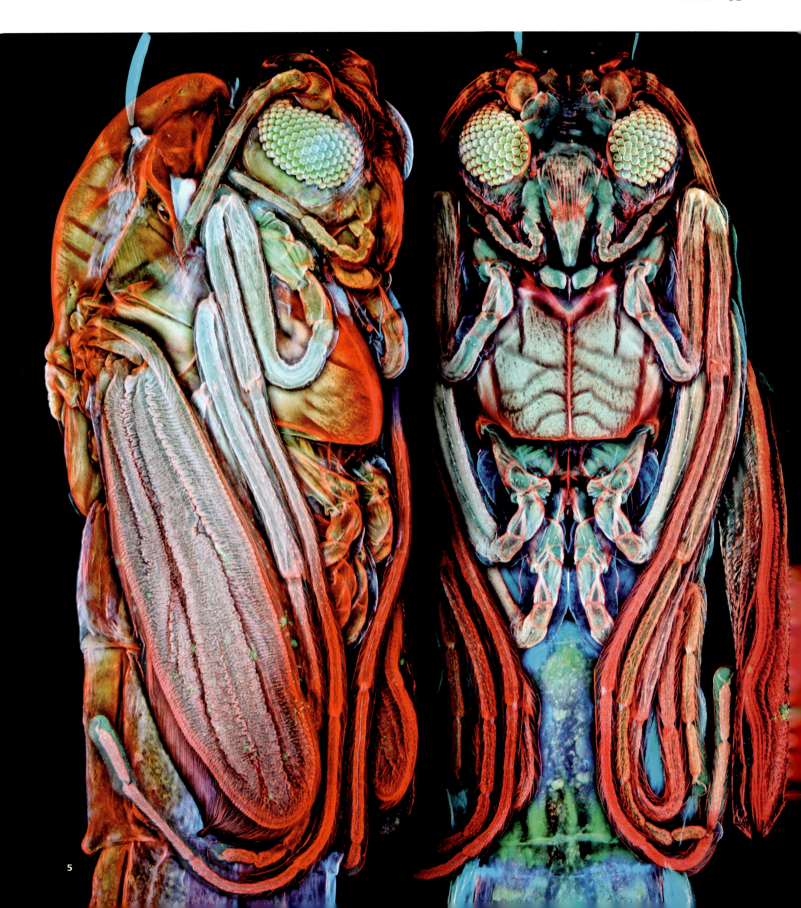

右も左のように
対称性はチョウやガの複雑な模様にも見られる。アメリカタテハモドキ（1）、トラフアゲハの仲間（2）、ミイノオガの仲間（3）、ヨナグニサン（4）、オオカバマダラ（5）。

左右対称でにぎわう動物界
トラ（1）、クジャク（2）、カンムリワシ（3）、グレビーシマウマ（4）、ベルツノガエル（5）。

1

魚の左右対称
ハリセンボン（1）とベラギンポ（2）。

2

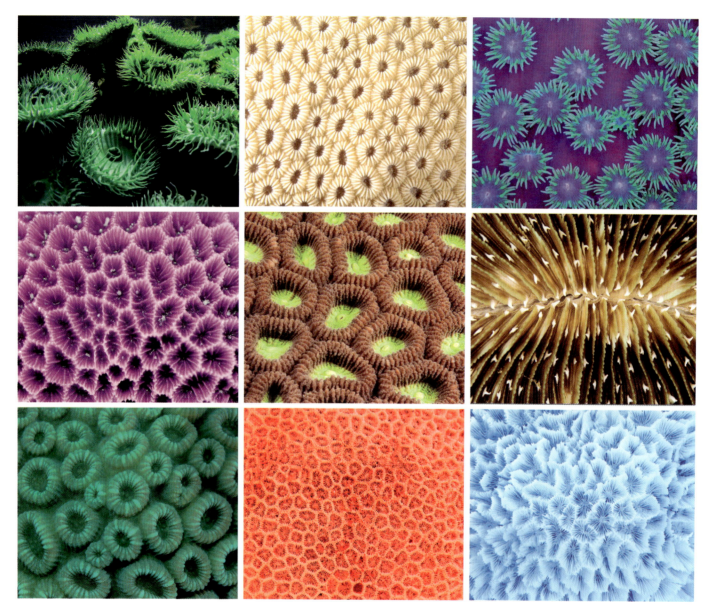

海の意匠
イソギンチャクとサンゴの、構造とパターンは変化に富んでいるが、そのどれにも厳密な対称性はない。

秩序の一歩手前
イソギンチャクの複雑なパターン。

水しぶき
円対称に跳ね上がる水は、円のふちが
小滴に分裂して華麗に砕ける。

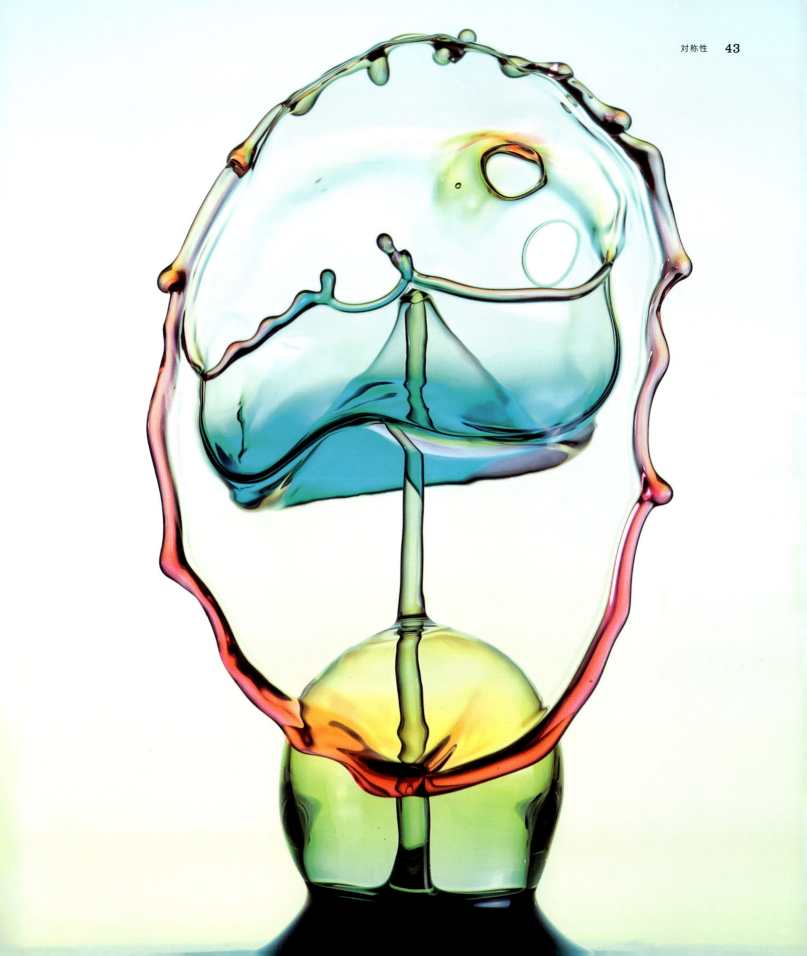

对称性　43

44　自然がつくる不思議なパターン

对称性 45

2 フラクタル
FRACTALS
山はなぜ山形をしているのか

入り組んだ海岸線を航空写真で見たとき、尺度が書かれていなければ、海岸の長さは1キロメートルなのか10キロメートルなのか、それとも100キロメートルなのか見当がつかない。拡大倍率が違っても見た目が変わらない性質をフラクタルという。自然の中に驚くほどよく見られる特徴だ。雲のもくもくした輪郭を思い出そう。あるいは木の全体の形をそっくりまねたような小枝の先端。何段階にも分岐している肺の気管支でもよい。フラクタルはそこにもここにもあるので、自然の図形とも呼ばれるほどだ。自然のフラクタル図形は多くが無秩序に見える。樹木にしても山の稜線にしても、厳密に対称なものはない。だが、フラクタルは自然のパターンの「隠れた法則」を明かしてくれる。同じ形がスケールを変えながら繰り返し現われるこの現象は、いったいどんな法則から生まれるのだろうか。生きものにとって、なぜそれが役立つのだろうか。

ハチの巣のような対称性の高いパターンに私たちが驚くのは、それらがめったに見られない形だからだ。これほど整然とした規則的な形は自然界には珍しい。葉を落とした冬の木の針金細工のような姿にしても、山のぎざぎざな稜線にしても、自然の中に見られるのは不規則な形のほうがずっと多い。

ところが、ここにもパターンは隠れている。この形の法則は数学的に記述して初めて明らかになるが、それを知らなくても、そこに法則らしきものがあることは直感的に感じとれる。木の枝分かれの形には、でたらめに並んだものにはない心引かれる美しさがある。この不思議な性質の正体を突き止めるのは難しくない。確かに木の形は複雑で、四角形や六角形のように簡単に説明はできないが、それを形づくるプロセスに目を向ければ簡潔に表現できる。樹木の形は「分岐しつづける幹」と言い表わせるだろう。

このような表現を、科学ではアルゴリズムという。ある構造を生成するための指示、もっと平たく言えば、欲しいものを得るために実行するプロセスのことだ。私たちが樹木の形を、ぐしゃぐしゃしているなどと思わず、むしろ美しいと「感じる」のは、その形をつくるアルゴリズムが単純であることを知らず知らずのうちに察しているからではないだろうか。

このアルゴリズムにほんの少し手を加えるだけで、様々な樹枝状の形ができる。分岐する角度が小さく、分かれた枝がまっすぐ伸びれば、ポプラの木のような形になるだろう。分岐角度が大きく、枝が曲がったりねじれたりすれば、オークの木のような形ができる。

こうして見ると、円錐形や立方体に比べてひどく複雑に見えた形も、どこかに単純さがあるのがわかる。この形は数学的にどのように記述できるだろうか。樹木の形には前章で説明したような意味での対称性はない。回転させたり鏡に映したりすれば、形が変わってしまう。これを図形として幾何学的に考えるのはどうにも無理そうだ。

ところがそうではない。「別の種類の」幾何学が必要だというだけなのだ。それがフラクタル幾何学であり、フラクタル図形は「自然の形」とも呼ばれているのである。

1 枝分かれするフラクタル
タンザニアのマニャラ湖国立公園に立つ樹木の枝。

2 フラクタルな海岸線
エーゲ海と陸地の入り組んだ境界。

　フラクタル図形の要点はアルゴリズムで考えることにある。「樹木のアルゴリズム」なら、スケールを小さくしながら同じ形を繰り返し生成するということになる。大きさを変えて繰り返すので、一部分が全体と似た形になる。木の枝の先端を折ってみれば、ミニチュアの木のように見えるだろう。枝分かれをずっと追い続けていると、それがどれくらいの大きさなのか見当がつかなくなる。1本の木なのか、1メートルの枝なのか、それとも親指ほどの小枝なのか。

　スケールを小さくしても同じ形が繰り返される性質を「自己相似性」という。フラクタルは必ず自己相似性をもつ。階層構造になっていて、連続的にサイズを小さくしながら前のものの形を模倣してつくられる。木の幹は階層の1段階、太い枝はその次の、次に太い枝はさらにその次の段階にあたる。

　自然のフラクタル図形には、幅広いスケールにわたって自己相似性を示すものがある。海岸線は1メートル程度から数百キロメートルもの長い距離にわたって不規則に入り組んでいるだろう。それを航空写真で見た場合、例えば岸壁に建つ小屋のように大きさを比較できるものがなければ、幅100メートルの入り江なのか、それとも一つの国の海岸線全体なのかわからない。雲も同じだ。もやもやした輪郭はフラクタルで、一部分を見ても雲全体がどれくらいの大きさかはわからない。

　自然は不規則に入り組んで見える海岸線だけでなく、もっと整然としたフラクタルも造形できる。ある種の植物は葉を軍隊の行進のようにきちんと並べて出し、各階層の葉は一つ上の階層の葉を小さくして、その形をそっくりまねている。シダの場合、クリスマスツリーのような形をした葉は先端に行くにしたがって小さくなるが、

"ひどく複雑に見えた形も、どこかに単純さがあるのがわかる"

1 地の果て
侵食作用で海岸線に大小の同じ形が並ぶ地形ができる。

2 縮小するフラクタル
シダの葉は同じ形が小さくなりながら、秩序正しく並んでいる。

3 渦巻きの中の渦巻き
ロマネスコは全体と同じ形をした円錐形の花蕾が数段階のスケールで密集する。

4 フラクタル・ネットワーク
葉脈はしだいに構成要素が小さくなるネットワークによって、樹液を効率よく運ぶ。

なお同じ形を保っている。もっと目を奪われるのはカリフラワーの一種のロマネスコだ。全体と同じ形をした円錐形の小さい花蕾が、中心に向かって3階層ほど並んでいるのである。また、インド洋のソコトラ島に自生するリュウケツジュにも驚かされる。どの枝もきちんきちんと二股に分かれているのだ。

木の分岐のフラクタル構造には限界がある。物質でできている現実の物体は無限に小さくなりえないからである。どう転んでも原子より小さくはなれない。また上限もある。山よりも大きい木はないだろう。だから自然のフラクタル物体はみな、一定範囲内のスケールで自己相似を繰り返す。

一方、数学的なフラクタルには、自己相似性を維持してどこまでも小さくなるものがある。数は無限に小さくなり続けられるからである。1970年代に数学者のベノア・マンデルブロがフラクタルにその名を与え、「数空間」でフラクタル境界を生成する数式を発見した。現在ではマンデルブロ集合として知られている。

描画されたマンデルブロ集合は、輪郭のもやもやした「スノーマン」のような形をしている。近づいて見ると同じ形を小さくしたものに取り囲まれ、その中には細い糸のようなものがひょろひょろと伸びているものもある。この形を何倍に拡大しようと、同じ奇妙なスノーマンが現われる。行儀のよい図形に慣れていた数学者たちは、規則性とカオスの境界でバランスをとる緻密で複雑な図形が、どっとあふれ出すように生まれるのを知って衝撃を受けた。

成長するフラクタル

海岸線や山の稜線などの自然のフラクタル図形は、侵食作用で物質が少しずつ削り取られることでできる。それとは逆に、少しずつ蓄積することからも予測不能な不思議な形ができ上がる。その一例が黒っぽい樹枝状の堆積物、鉱物デンドライトである。岩石の割れ目に不規則なレースのように広がっているのが発見されるが、まるで生きているもののように見えるため、かつては化石植物だと考えられていた。鉱物デンドライト

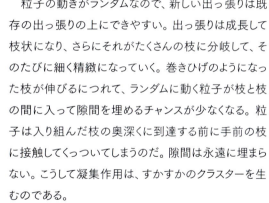

は結晶の一種で、鉱物を含んだ液体が岩石に浸透し、液体中に溶けていた物質が析出して形成される。粒子がくっつきあって細い枝状のクラスターになり、先端が伸びていって枝分かれする。また、空気中を漂う炭化物質が互いにくっついてできるすすも、3次元フラクタルのクラスターである。電子顕微鏡で見ると、固体でありながら雲のようにもやもやして見える。

　これらは物質と物質がくっつき合う凝集作用によってできる。意外に思えるのは、この作用が単に物質の密な塊を形成するのではなく、樹枝状のすかすかしたクラスターを成長させることだ。

　空気中か水中をたくさんの粒子がランダムに漂っているとしよう。粒子と粒子は衝突し、接触したとたんにくっつき合う。この凝集作用で、粒子が無秩序に積み重なったクラスターができる。たまたま出っ張りができると、その部分は浮遊している粒子に遭遇する確率が高いために周囲よりも速く成長する。出っ張りはますます突出し、ますます成長する。これを成長不安定性という。出っ張りを自己増殖させる作用だ。

　粒子の動きがランダムなので、新しい出っ張りは既存の出っ張りの上にできやすい。出っ張りは成長して枝状になり、さらにそれがたくさんの枝に分岐して、そのたびに細く精緻になっていく。巻きひげのようになった枝が伸びるにつれて、ランダムに動く粒子が枝と枝の間に入って隙間を埋めるチャンスが少なくなる。粒子は入り組んだ枝の奥深くに到達する前に手前の枝に接触してくっついてしまうのだ。隙間は永遠に埋まらない。こうして凝集作用は、すかすかのクラスターを生むのである。

フラクタルな乱れ
水に落ちたインクのしずくは、初めは一定の大きさがある。水と混じり合うにつれて乱流になり、インクは様々な大きさの構造からなるフラクタル形になる。

　この例で見たとおり、フラクタルはそれが占めている空間に隙間をたくさん残しながら成長していく。隙間なく埋めつくす「空間充填」ではないのだ。樹木はあらゆる方向に枝を伸ばすが、正確には3次元ではない。角材や積み木なら3次元と言ってもよいかもしれない。同様に、鉱物デンドライトも岩石の表面に広がるが、インクのしみが広がるのとは違って表面をすっかり覆いはしない。ということは、フラクタルは整数でない次元をもつと考えてよい。3次元（例えば立方体）でも2次元（例えば四角形）でもなく、2.××次元とか1.××次元なのである。フラクタルは次元のはざまにあるのだ。次元の値が大きいほど、そのフラクタルの占める空間をより多く満たしている。つまり枝がより密に成長する。このように次元の値が「端数（フラクショナル）」になることが、フラクタルという名の由来である。

　分岐フラクタルは生物の世界によく見られるので、何らかのかたちで生存の役に立っていると思われる。例えば何段階にも分岐する気管支、動脈や静脈や毛細血管からなる血管網。どちらも木の枝に見られるのと同じフラクタル構造である。このような分岐ネットワークには適応上の利点があると考えてよいだろう。

　これらは生命を支える液体と気体を運ぶためにある。これらの形状が空気や血液や樹液を組織のすみずみまで運ぶのに適しているのは見るからに明らかだが、そればかりではない。自己相似性のフラクタル・ネットワークの大きな利点は、部分が全体と似ているためにネットワークを拡大しやすいことにある。

　ヒメトガリネズミの血管網でもゾウの血管網でも、あるいはツバキの枝でもセコイアの枝でも、同じ原理が働いている。また、とくにすぐれた点は全体を満たすことなく体中に到達できることで、これは「次元のはざま」にあるおかげだ。それゆえにエネルギー効率の点でも最も優秀であることがわかっている。液体を組織全体に運ぶのに要するエネルギー総量が最少ですむのだ。エネルギーの節約は有機体にとって大きな利点なのである。

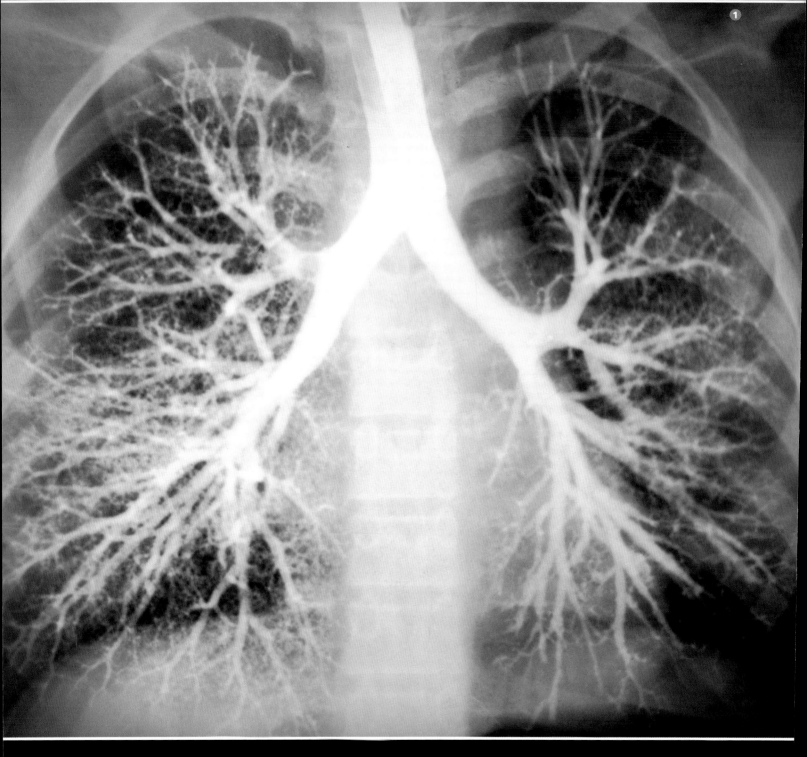

世界はフラクタルだらけ
肺のフラクタル性の分岐（1）には流体を効率よく運ぶという有用な働きがあるが、鉱物デンドライト（2）にそれはない。に共通するものがあるからに違いない。ネットワークの先端で分岐を促進する不安定性がそれである。

枝分かれする結晶
美しい模様を描く鉱物デンドライトは化石植物とよく間違えられる。

フラクタル 57

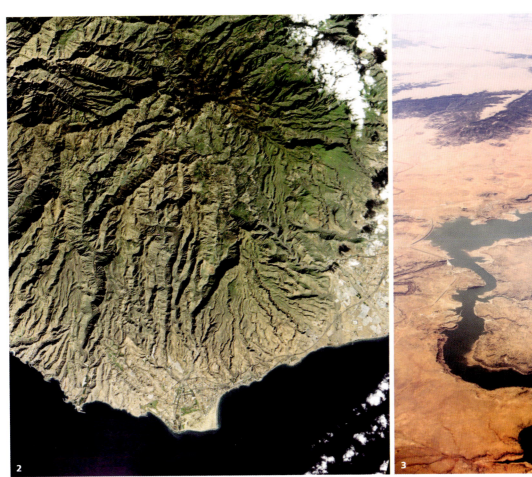

地形のフラクタル
侵食作用が入り組んだ海岸線を形成し、山と谷を削ってフラクタルな輪郭を描く。ミャンマー南部のベイ諸島（1）、カナリア諸島（2）、米国 ニューメキシコ州（3）。

蛇行する川

河川網は侵食と堆積の複合作用で形成される。形状は様々だが、どれも流水のエネルギーを最大速度で放散する「最適」ネットワークである。分岐フラクタルの形になるのはそのためだ。コロンビア川（米国）(1)、アイスランド (2)、塩沼（スペイン）(3)、シベリア（ロシア）(4)。

二又分岐
生物には規則正しく分岐してフラクタル形になるものはあまりない。イエメンのソコトラ島のリュウケツジュはそんな珍しい例の一つだ。

根と枝
樹液を運ぶネットワークは木の上部と下部とで同じ形状をしている。生命を支える液体を木の占めている空間のすみずみにまで届けるには、その形が効率的だからだ。

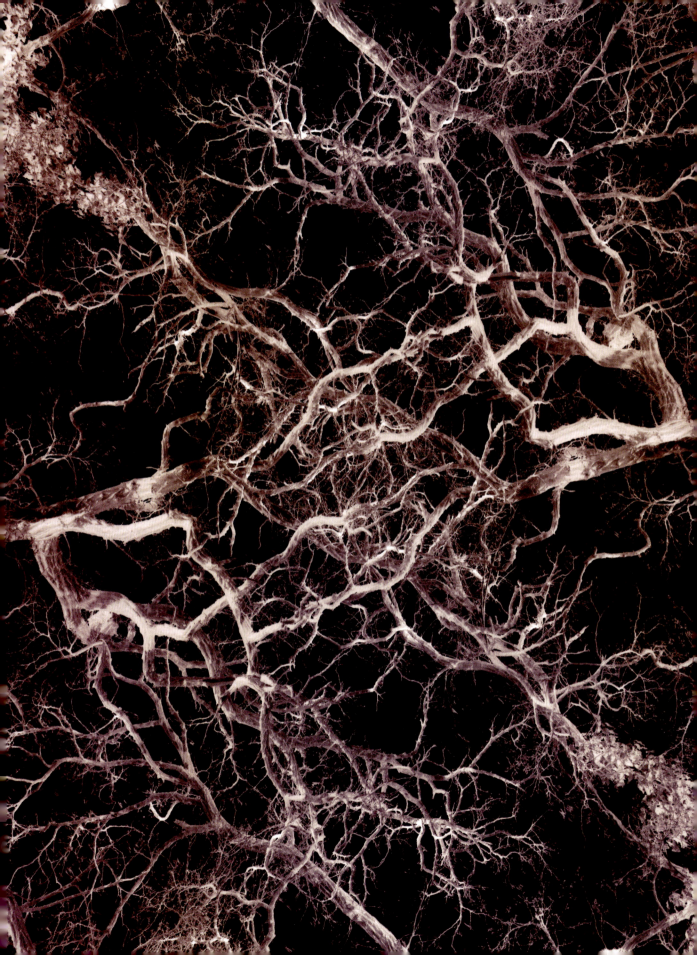

山のフラクタル
山のフラクタルな稜線はいろいろな形をしている。だが、高い山も低い山も同じ形を異なるスケールで繰り返す。

水蒸気の満ちた空
たなびく薄い雲もむくむくとした丸い雲も、見ている部分がどれくらいの大きさかわからない。スケール不変性というフラクタルの特徴である。

行きわたらせる

養分を含んだ樹液は階層的なスケールをもつ葉脈のネットワークに乗って葉の表面に行きわたる。枝と根の分岐とは違い、葉脈の先端は合流してループ状になっているので、葉の一部が欠損してもルートが確保される。

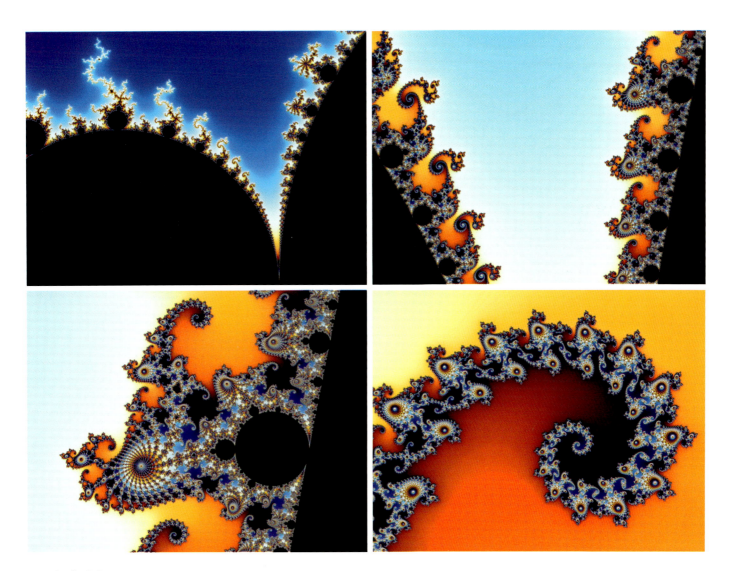

マンデルブロ集合

　純粋に数学的なフラクタルは2次元平面上の数を選び出す方程式から生成される。1本の軸（水平軸）は実数、もう1本の軸（垂直軸）は$\sqrt{-1}$を含む「虚数」をとり、実部と虚部を含む数（複素数）がこの2本の軸からなる座標平面を占める。

　写真はマンデルブロ集合の一部分を倍率を変えて見たものである。これを描く方程式は一つの数をもう一つの数に変換し、得られた数を元の式に戻して次の数を求める。それを繰り返すことで、無限に大きくならない数か、無限に大きくなる数が生成される。無限に大きくならない数の集合が黒く見えている領域で、これがマンデルブロ集合だ。同じ形が異なるスケールで繰り返す複雑な構造をしている。残りの空間を各数が無限に大きくなる速度によって色分けすると豪華に渦を巻くフラクタル構造が現われる。

フラクタル 75

宇宙のフラクタル
乱流はフラクタル形である。エネルギーがより小さいスケールの流れに受け渡されていき、その過程でしだいに小さくなる構造を生む。こうしてできた形は渾沌としていて、どんな形になっていくか、どんな風に進展するか予測がつかないが、それでもある種の「隠れた秩序」をもつ数学的なフラクタル構造をしている。その豊潤な形は、ガスとちりの渦巻くオリオン大星雲（左）とタランチュラ星雲（次頁）をとらえた写真に現われている。

フラクタル　77

3

らせん
SPIRALS

カタツムリとヒマワリの数学

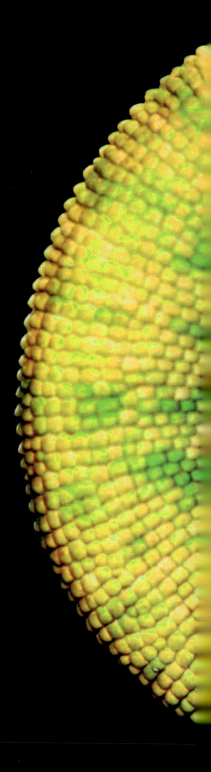

巻き貝から、ガスと恒星が渦を巻く銀河系まで、自然の中にはらせんを描くものがそこにもここにもある。それらに共通点はあるのだろうか。結論からいえば、ある。その大半が「対数らせん」と呼ばれる形をしているのである。フラクタルと同様、大きい部分が小さい部分と同じ形を繰り返すのが対数らせんだ。だから巻き貝はどんなに大きく成長しても同じ形を保っている。また、らせんは目立たないところにもあり、例えばヒマワリの小花（しょうか）には、反対回りの２種類の対数らせんがいくつも並んでいる。排水口に流れ落ちていく風呂の水、地球や木星の表面を吹き荒れる嵐など、流体も渦を巻く。らせんは自然のどこにでもあるユニバーサルデザインなのである。

小さな花から天体まで、らせんは様々な大きさであちこちに姿を現わす。いったいこの形のどこが特別なのだろう。本当に共通点があるのだろうか。それとも形が似ているのはただの偶然なのだろうか。

例えば巻き貝のような自然のらせんは、ただくるくると巻いているのではない。外側はゆったりと優雅にカーブを描き、中心に向かうにつれてぎゅっときつく巻いている。巻きとった庭の散水ホースのらせんとは違う。ホースは何度巻いても弧と弧の間隔が変わらない。そこが決定的な違いである。

巻いたホースのらせんはアルキメデスのらせんという。紀元前３世紀にアルキメデスが『らせんについて』という著作で考察した。このらせんが現われるのは、長いものや幅の一定な平たいもの、例えばロープや紙、じゅうたん、ミミズなどが巻かれたときだ。

一方、巻き貝のらせんは対数らせんと呼ばれる。このらせんを数式で表わすとき、対数が用いられるからである。このらせんには特別な性質がある。どんなに小さくなっても、あるいは大きくなっても、形が変わらないことだ。つまり対数らせんも自己相似性の一例なのである。

ここでいう自己相似性とはどんなことだろう。どちらもらせんではないか。確かにそのとおりだ。だが二つには明確な違いがある。まず、アルキメデスのらせんは小さく巻こうとしても限界がある。一巻きの半径が、ロープの太さ程度になれば、それ以上きつく巻くことはできない。一方、対数らせんは、中心に向かって一巻きの幅がどんどん狭くなり、巻き方もどんどんきつくなる。幅が狭くなるのと同時に曲率が大きくなっていき、らせんの巻きに限界はない。

別の言い方をすれば、対数らせんは大きさによらずどの部分を見ても同じに見える。巻き貝の中心を拡大して見れば、その形は拡大する前の全体と同じに見える。理論上、対数らせんは形を変えないまま内側にも外側にもずっと巻き続けられる。

このような自己相似性が、巻き貝には必要なことなのだ。巻き貝は成長するにつれて体に見合った大きい殻が必要になる。だが、貝殻は石灰岩や大理石の主成分と同じ炭酸カルシウムという硬質の物質でできている。引き伸ばすことはできない。かといって殻を何度も新しくつくり直すのは大変な作業だ。そこで巻き貝は現在の殻のふちに、より大きい家を増築していくのである。前につくった部分はもう狭いので使われなくなる。

このようにふちを拡張していってできるのは円錐だ。巻き貝にとってはこのやり方が一つの選択肢なのだが、どんどん大きくなる円錐形の荷物を背負って歩く苦労を軽減するために、円錐の端を内側に小さく丸めることにした。こうしてできるのが対数らせんの殻なのである。丸めて畳んだ円錐なのだ。

そういうわけで対数らせんは腹足類にとって最適な

1 渦の中へ
宇宙から見た地球のハリケーン。

2 軟体動物の数学
巻き貝の殻。

デザインである。もっとも、巻き貝はそんなことはわかっていない。貝が留意すべきことは「ふちの形はいつも同じく、外周の成長速度を一定の率で大きくすること」という成長ルールだ。円錐を対数らせんになるようにきちんと巻くには、ふちの外側の成長速度を内側よりも速くするという条件を加えればよい。これで円錐は勝手にらせんになる。海生の腹足類に見られるような非常に様々な形をつくるには、この単純なルールで充分なのである。殻の入り口の成長速度を変えるだけでよい。

対数らせんを大きくしていくこのやり方は、腹足類だけのものではない。美しく巻いたこの形は動物の角や鉤爪にも見られる。ただし、らせんが完全に巻ききらないものもあるだろう。必ずではないものの、銀河系のような渦巻銀河も対数らせんに近いものが多い。サイクロン、竜巻、川や海の渦、排水口から流れ出る水の渦などもそうだ。流体の渦がみなこの形をしているわけではないが、流体が回転するとき、とくに排水口のように中央が沈み込んでいるときによく見られる。

流体がこれほど容易に動きを整えて、きちんと定まった流れをつくるのはなぜだろう。整然とした動きは、動いている流体の一部が周囲の水を引きずり込むことにより発生する。ミルクを入れたコーヒーをスプーンでかき混ぜると渦と伴流ができるが、それと同じ力である。一つの流れは別の流れに影響を与え、ランダムな小さい乱れが整然と集まり、よりスケールの大きいコヒーレント構造の動きになるのである。

サイクロンの巨大な渦は北半球と南半球で逆向きに回転する。向きが違うのはコリオリの力が働くためで、これは地球が自転していることによって生じる力である。浴槽に水を入れて波立ちを静め、ゆっくり栓を抜けば、コリオリの力のごくわずかな影響で浴槽の渦も北半球と南半球で反対回りになる、という説もある。だが、それが正しいかどうかははっきりしていない。コリオリの力はとても弱いので、実験で確認するのは難しいのだ。

植物のひそやかな生活

神秘的な力を信じる人々にとって、自然のパターンと形の中でらせんはとりわけ不思議な魅力を感じさせるだろう。「聖なる図形」の信奉者はそれを崇め、人知の及ばない宇宙の真実が現われたものだと考えた。渦巻きは古代人のアートにも見られる。アイルランドに残る青銅器時代のニューグレンジ遺跡の石に彫られた模様や、オーストラリアのアボリジニの絵画がその例である。

> "小さな花から天体まで、らせんは様々な大きさであちこちに姿を現わす。いったいこの形のどこが特別なのだろう"

"アクロス・ザ・ユニバース"
自然の中には宇宙規模のものから顕微鏡サイズのものまで、大小様々ならせんが見られる。写真は渦巻銀河（回転火花銀河の別名をもつおおぐま座のメシエ101）（1）と、化石のアンモナイト（2）。

対数らせんの不思議さと奥深さが何よりも顕著に現われているのは、ヒマワリやキクのように多数の小花が集まって一つの花の形をなしている植物の頭花である。ヒマワリの種は、右回りと左回りの2種類の対数らせん上に並ぶ。そこには数学的な美がある。機械のような精密さに生命の躍動感が加わって、見つめているといまにも動きだしそうだ。これと同じ二重らせんはほかの植物にも見られる。マツボックリの小葉（根元のほうから見るとわかりやすい）、枝に沿ってねじれるような位置に葉をつけるチリマツ、パイナップルの表皮の鱗片、ロマネスコの花蕾。これらはみな花序ではなく葉序、すなわち「葉の配列」の例である。

回転の向きが異なる2種類のらせんの本数をそれぞれ数えると、決まった値の組み合わせになる。マツボックリの場合、2種類のらせんの数は3と5か、5と8か、8と13になる。ヒマワリの小さい頭花では、一方向にねじれているらせんの数が21、逆向きにねじれるらせんは34。大きい頭花なら144と233にもなる。だが、対の数はこれだけだ。例えば22と35のようには絶対にならない。なぜ数が決まっているのだろうか。

対の数は、ある数列の隣り合う二つの数に一致している。この数列は前の二つの数を足して次の項とするもので、最小の二つの数（0と1）からはじめると次のようになる。

0、1、1、2、3、5、8、13、21、34、55、89、144、233……。

この数列を1202年に最初に著書で紹介したのはイタリアの数学者レオナルド・ダ・ピサ、通称フィボナッチである。数列は彼の名をとってフィボナッチ数列と呼ばれる。そしてこの数列の隣り合う二つの項の比をとると、項の値が大きくなるにつれてある数に近づいていく。およそ1.618、いわゆる黄金比だ。

なぜヒマワリの種がフィボナッチ数列になるのかはわかっていない。根強い説は、成長する茎の先端に小花や種や葉ができるときに最も効率的に収まるからというものである。言い換えれば、新しい芽は芽吹くのに必要なスペースがあるときにのみ芽吹く。これは単に幾何学の問題で、中心かららせん状に何かを並べたいときに、隣り合うものの角度をどれくらいにすればよいかということだ。最も効率的な並べ方は、葉序ならフィボナッチ数の二重らせんということになる。そしてそのときの角度は約137.5度、すなわち黄金角なのである。

だが、これですべてが説明できたわけではない。そもそも植物はどうやって次の芽を出す場所を「測る」のだろう。フィボナッチ数列と詰め込み効果はヒマワリの頭花がどのように並んでいるかを説明するだけで、なぜこの配列が選ばれるのかは説明していない。一つ考えられるのは生化学的作用である。発芽のきっかけになる成長ホルモンの作用で、ある種のしりぞけ合う力が生まれ、二つの芽とらせんの中心との角度が黄金角より小さくなれない。

もう一つの考え方は、芽と芽を一定の距離を保ってらせん状に配列させる「力」は、ホルモンという生化学的な要因ではなく、茎の先端の軟組織がしわになったりゆがんだりすることによる力学的な要因だとするものである。茎の先端の「皮」は軟らかくて柔軟性があるが、下のほうはしだいに硬くなる。茎が成長することで先端近くのやや硬い組織が圧迫されてしわが寄る。新しい芽はそのしわの頂点から出るのではないか。このしわの寄り方のパターンがどのように見えるかを計算すると、頂点が茎の中心を取り巻くようにつくフィボナッチらせんか、さもなければ同心円状になるだろう。後者は2枚の葉が茎を挟んで対称につき、上下の対と左右の対が交互に並ぶ。この十字対生も葉序の一つである。

しわモデルはサボテンの芽の配列を説明するのにとくに都合がよさそうだ。らせんを描く肉厚の突起は、硬い外皮に寄ったしわのように見える。このアコーディオンのような折りたたみのおかげで、水が得られるときに内側の軟組織がすばやくふくらんで水を吸収しやすくなる。また、カボチャやヒョウタンといった多肉質の植物の硬い外皮にも、規則的なひだと溝がよく見られる。これらも果実が成長して肥大するときに、皮の内側にかかる圧力によって自己組織化されるパターンだろう。

私たちの指先のしわもらせんに似た同心の渦になることがある。このしわは幅がほぼ同じなので、渦は対数らせんではなく、巻いたロープと同じアルキメデスらせんに近い。指紋ができるのは、胎児の発達初期に皮膚の層が異なる速さで成長した結果のようだ。指紋の渦はたいてい指先の肉の真ん中にくる。そこは表面の曲率が最も大きい。だが、しわの細かいところはもっとランダムな要素に左右され、だから指紋は二つと同じものがない。こうしたことは自然のパターンに多い。一つの主題に無数の変奏曲があるのだ。

ツイストする花々
らせんは葉や花弁などの植物の構造に共通して見られ、その多くは数学的配列に厳密にしたがう。ロマネスコ(3)とバラ(4)。

とぐろを巻け
カメレオンの尾（1）やヤスデ（2）の対数らせんは、先細のものがゆるやかに巻くことでできるのだろう。

渦を巻くしわ
しわが寄ることでも規則的なパターンができる。らせん模様もその一つ。サボテンの花（1）、カボチャ（2）、指紋（3）、サボテン（4）、アロエ（5）。

らせん 87

⑤

生命の曲線
ヒマワリの小花と種のらせんの数はフィボナッチ数列に一致する。

らせんの内側
巻き貝の殻は対数らせんである。小部屋を少しずつ大きくして増築しながら形を保つ。

殻のらせん
アンモナイト（1）、オウムガイ（2）、カタツムリ（3）、ホラガイ（4）、クリーニングしたオウムガイ（5）。

5

植物の渦巻き
シダ（1、3、4、5）、カボチャのつる（2）。

植物のらせん
花のように見えるケール（1）、マツボックリ（2）、カラー（3）、花の蕾（4）、バラ（5）。

どちらに回転するか
発達した熱帯低気圧のハリケーンは、

竜巻
流体はらせん形になってすさまじい破壊力をもつことがある。

102　自然がつくる不思議なパターン

排水口に落ちていく

排水口のまわりでらせん状に回転する風呂の水。猛烈な回転運動をする竜巻とハリケーン。流体中の渦は様々なスケールで生じる。流体が中心に向かって集まるとき、完全な円対称からわずかでも逸脱が生じると（ランダムに起こる）、一つの流れが摩擦を介して別の流れに伝わるために回転が増幅される。回転はしだいに大きくなり、コヒーレント渦になる。対称性の自発的な破れの一例である。回転によって、円対称の流れが時計まわりか反時計まわりに非対称にねじれる流れに発展する。

星をかき混ぜる
写真の子持ち銀河のような渦巻銀河は渦流ではない。銀河円盤に生じた密度波がらせん状に見えているものだ。

4

流れとカオス
FLOW & CHAOS

隠れた秩序を探す

天地万物は活動的だ。絶えず躍動している。ガスとちりの雲から星が誕生する。海水は温度と塩分濃度の差を動力にして、大きく渦を巻きながら循環する。対流が空気をかき回して雲とジェット気流を巻き起こす。山から流れ出した川は、私たちの体の血管網に似た分岐ネットワークを形成する。こうした流れの多くは乱流で、激しく動いて一定の形をなさず、その動きを正確に予測することはできない。しかし、それでいて秩序がまったくないわけではない。流れの本質的な形、例えば渦は、熱帯低気圧ばかりでなくミルクを落としたコーヒーにも見られるほど私たちの身近にある。カップの中は嵐なのだ。流れのつくるパターンは、そこでもここでも謎と迫力をもって私たちに迫る。

川は古より芸術家を引きつけてきた。中国の唐代の詩人はくる日もくる日も川のほとりで水の流れを見つめて沈思し、画家は流れの形を筆の運びでとらえて、東洋人が「気」と呼んだ生命力を絵に吹き込もうとした。

15世紀のイタリアでレオナルド・ダ・ヴィンチが魅せられたのも、同じものだったに違いない。レオナルドは流れる水を何枚もスケッチした。乱流のその中に秩序らしきもの、絶え間なくうつろい、壊れていくパターンのようなものを感じとったのである。レオナルドは現代の科学者が理解していることを直観で見抜いていた。

乱流はでたらめに動いているのではなく、秩序と無秩序が不可思議に絡み合っている。流水を描いたレオナルドの緻密な素描は彼の観察力の鋭さを物語っているが、そこには実際に目にするもの以上に整然としたところがある。流れの形をとらえるには、その目で見たものを整理してわかりやすくする必要があると考えたかのようだ。レオナルドの描写は美術史家のマーティン・ケンプのいう構造的直観である。人はその直観を通じて自分の知覚する世界を理解しようとするとケンプはいう。私たちが自然のパターンに類似性や相似性を見出すのも、直観に導かれてのことなのである。

流れにはまさしくある種の秩序があるが、それをもっとはっきり目でとらえるには、流れの動きが遅くなければならない。自然の流れはほとんどが乱流だ。非常に動きが速いため、秩序らしきものはちらりと感じられるにすぎず、そのうつろいやすさゆえに心をそそられる。しかしもっとゆるやかな流れなら、鮮明なパターンが目に飛び込んでくる。思わず息を飲むようなパターンが。

浅い水路を水が流れていると思ってほしい。水路は底が平坦で、両脇にも凸凹がない。勾配が小さく、流れの速さがゆっくりなら、水はほぼまっすぐに流れる。

アメンボの足跡
アメンボは表面張力に支えられて水面を歩き、凝った模様の足跡を残す。肢に引きずられた水が逆向きに回る1対の渦になり、美しい模様を描く（写真は青い染料で目立たせている）。

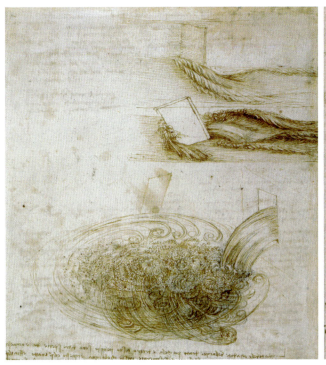
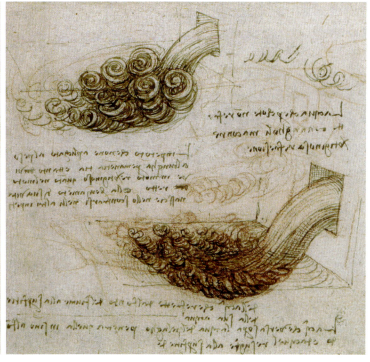

1 木星の大赤斑
地球よりも大きいこの嵐は数百年にわたってこの状態を維持している。カオス的な流れから規則的なものが生じることをうかがわせている。この写真は宇宙探査機ボイジャー2号が約600万キロメートルの距離から撮影した。

2, 3 流水の研究
レオナルド・ダ・ヴィンチは流れる水を時間をかけてじっくり観察し、スケッチした。残された素描から、この芸術家が表面的には無秩序に見えるものの背後にある「本質的な形」をとらえようとしていたことがわかる。

細かい粉かインクを流せば、直線的な流れが目で見える。このように平行な直線を描く流れを層流という。

さて、流れの中に障害物があるとしよう。枝がぶら下がって水面に浸かっているか、川底の石が水面に突き出ている。これによって層流はどのように乱れるだろうか。いくつかの条件しだいで違ってくる。障害物の大きさ、流体の粘度、中でも流れの速さだ。速度の遅い流れは障害物の両側を静かに通過し、その先で再び合流する。粉かインクを流して確認できる流線は両側にゆるやかに曲がり、そのあとまた平行に戻る。流れがもう少し速ければ、障害物の向こうの後流（伴流）の中に小さい渦が二つ現われる。もっと速ければ、後流から波のようなうねりが発生してずっと続くようになる。この波形は流れの速さが増すとともに顕著になり、ついには波頭が砕けて丸まり、両側に交互に続く渦の列になる。

この装飾的なパターンはカルマン渦、あるいはカルマン渦列の名で知られている。この渦は障害物の両側を通過する水の流れが、摩擦で内側に引きずられることで発生する。自然界にはこうした渦列がよく見られる。気流が大気中の高圧域を通過すれば、その領域が障害物になって雲に渦列が発生する。水の表面張力に支えられているアメンボの肢の動きからも生じるし、空中を飛ぶ虫の羽ばたきからも生まれる。昆虫たちは羽をうまく動かし、渦から微少な推進力を得て上昇する。

なめらかな層流から波形のパターンが生じるのは、流動不安定性の一種によるものといわれている。流れの速度が速いとき、不安定性によって規則性が崩れ、乱れが大きくなる。二つの流体の層が逆向きにすれ違ったり、あるいは隣り合う流体の層が異なる速さで動いたりしたとき、一方がもう一方を引きずり込んで渦が発生する。この状態を剪断流動といい、これもまた自然界によくある現象である。

カオスの中に秩序あり

顕著な例は地球などの惑星の大気に生じるものだ。例えば、木星と土星には大きく渦を巻く大気が観測できる。波のような動きをする乱流が発生するとたちまち成長し、大きくうねりだす。このような自己増幅はパターン形成に共通する条件だ。

1 高積雲
「さば雲」のほぼ規則的な波や縞は、大気の対流のパターンがつくったもの。

2 シベリアの浮氷
この複雑な流れは、侵食、凍結、融解などの微妙な相互作用によって発達する。氷塊の頂点が際立って見える。

　木星の大気は荒れ狂っている。気流の速度が非常に速いため、赤道に平行な帯状のジェット気流は別として、規則的なパターンはすべて吹き飛ばされてしまい、渦が絶え間なく形を変えながら移動する。それでいながら、ただ渾沌としているだけには見えない。ところどころに秩序立った動きをする領域もあり、そのおかげでどこか優美さが感じられる。なかでも目立つのが有名な大赤斑だ。毎時560キロメートルにも達する速さで吹き荒れる巨大な嵐で、少なくとも2世紀前かそれ以上前から存在すると見られている。

　これらも乱流のなせるわざだ。普通の意味ではパターンといえないかもしれないが、木の枝分かれや無限に縮小していくフラクタルと同様、混乱の奥深くに何かしらの構造を感じさせる。それをもっと明確にできないだろうか。乱流の形を言い表わすことはできないだろうか。

　科学者は数百年も前から乱流を研究しているが、いまだに完全には理解できていない。乱流の降る舞いを方程式で記述できても、それを解くのはまた別の問題なのだ。流体の、とりわけ乱流の手ごわさは、すべてがほかの要素に左右されるらしいところにある。ほんのわずかな差異にいちいち反応する流体の敏感さがことを厄介にしている。1カ所の流れのパターンを見ても、それがのちにどうなっていくかは予測できないのだ。

　予測できないなら、「乱流の形」について何も言うことはできないのだろうか。いや、そんなことはない。個々の流れがどうなるかは正確に予測できなくても、平均的な特徴なら何かつかめるかもしれない。

　この問題に最初に取り組んだ一人がルイス・フライ・リチャードソンだった。現在、フラクタルと呼ばれているものの概念を初めて認識した数学者である。リチャードソンは気象予測を研究していたこともあって、乱流に関心をもった。そして流体のエネルギーは大きい渦から小さい渦へ、またさらに小さい渦へと「カスケード」状に伝えられ、ランダムに動く流体の分子が衝突すること

で熱になって最後には消散すると考えた。のちにこのエネルギーカスケードが数学的な法則に従うことが示された。ある大きさの渦の合計のエネルギー量は、ごく単純な数式で渦の大きさと関連づけられるのである。

入れ替わる

　地球の大気は静止することがない。高気圧から低気圧へ風が吹き、空気が絶えず動いている。だが大気の流れを発生させる要因としては、気圧の差よりも温度の差の方がずっとバリエーションが多い。地球の表面近くでは陸地ないし海から放射される熱が空気を温め、空気は熱せられるにつれて膨張し、密度が低くなる。これによって浮力が増し、上昇する。上昇した空気は冷やされ、密度が高くなり下降する。このように温まって軽くなった空気が上昇し、冷えて重くなった空気が下降することを対流という。地球規模の対流はランダムに発生するのではなく、北半球と南半球でそれぞれ三つの巨大な輸送装置になっている。各半球に赤道に平行な三つの循環帯があり、それぞれ一方の端で上昇した空気がもう一方の端で下降する。それが熱と水蒸気を運び、地球の気象を支配している。

　対流は自己組織化によるパターンをつくりやすい。鍋の水を温めると、鍋底の温まった水は浮揚性が高くなって上昇「したくなる」が、密度の高い上層の水とどうやって入れ替われるのだろう。対称性の自発的な破れがあるというのがその答えだ。鍋の中の均一な層は、上昇する温かい部分と下降する冷たい部分のあるほぼ規則的な形の循環セルに分裂するのである。このパターンがときとして驚くような秩序を見せる。

　大気の場合、セルの形が雲を平行な列に並べて、いわゆる「雲の道」をつくりだす。魚の模様に似た「さば雲」が空に浮かぶこともある。太陽の表面の荒々しい対流も、決して無秩序にはならない。太陽の表面は「粒

3 太陽黒点
燃えさかる太陽の表面にもパターンがある。明るい点がやや暗い（温度が低い）領域に囲まれた粒状のこの構造は、高温のプラズマに発生した対流によって生じる。中央の黒い構造は黒点で、さらに温度の低い領域である。

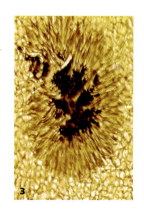

群れをなす鳥と昆虫

暮れかかった秋の空をムクドリの群れがねぐらを求めて飛んでいる。森か建物、桟橋か葦の茂みを探して、風雨と捕食者から身を守る隠れ家にしようとしているのだ。ムクドリたちは数千、数万の大群になることもあり、目をみはるような光景を見せてくれる。ねじれたり旋回したりして飛ぶ群れは、見る者の視線の角度によって濃淡が変化する。いわゆる「マーマレーション（大群での集団飛行）」である。ぴたりと隊列を揃えて飛ぶムクドリの群れは、あたかも集団知性をもっているかのようだ。

どうやっているのだろう。個々の鳥は動き方の単純なルールを守るだけでよい。衝突や接触を避ける、方向を周囲の鳥の平均に合わせる、そして離れすぎないようにする。したがって、群れの中の鳥は離れたところを飛ぶ仲間が何をしているかまったく知らない。ただ、近くの仲間についていくだけだ。

同様の行動は魚やイナゴやコウモリの群れにも見られる。こうした群れの動きは、情報を速く伝達するのに効率的だ。遠くにいる魚が捕食者の接近を知らせる合図を出すと、瞬く間に群れ全体に情報が伝達される。

状斑（グラニュール）」で覆われている。明るい多角形の領域とそのまわりの黒っぽい縁どりが斑模様になったもので、それが刻々と様相を変えるのだ。

アラスカやスカンディナビアの人里離れた凍土の氷原を行くと、北欧神話の霜の巨人が並べたのかと思うような積み石に遭遇するだろう。人の背丈ほどの高さのリング状の盛り土、巨大なレーキで整えたかのような石の縞模様。いうまでもなく、知性ある創造主がこのような意味不明な風景を創造したわけではない。地表のすぐ下で繰り返し凍っては解ける水が、石を持ち上げ、そのように配置したのである。

川のほとり

流体はそれ自体がパターンを描くだけでなく、パターンをつくる媒体にもなる。例えば、水の流れはいつまでも消えない痕跡を残す。川と海は、砂やシルト（砂と粘土の中間の泥）や小石を拾い上げ、別の場所へ運ぶ。この侵食と堆積の作用がパターンをつくり、はっとするような美しい風景をつくり上げる。蛇行する川は、流体がいかにして秩序と構造をつくるかが現われた有名な例の一つだ。水は湾曲する川の外側で速く、内側で遅く流れるため、外側の土手が削られ、内側にはシルトが堆積する。その結果、曲がっていた川はどんどん外側に張り出す。ついにはループの両端がぶつかって合流し、湾曲部分が切り離されて三日月湖になる。

侵食と堆積の作用がとくに強ければ、この堆積物の再編成によって、曲がりくねる1本の糸のような川ではなく、もっと複雑な形の川ができる。水路は分岐し、交差し、再び合流して、流れと停滞が絶えず協議し、水と土が話し合いながら、たくさんの細い糸を編み込んだようなパターンができていく。このパターンは砂浜を流れて海にそそぐ浅い水路のタペストリーに見られる。小石や貝殻のようなごく小さい障害物が重なり合う山形模様をつくっている。どんな形にせよ、川は不変の美の法則からパターンを織りなしながら海に到達する。

曲がりくねる川
川が蛇行するのは、侵食作用と堆積作用の組み合わせによるものだ。

流れを壊す
川面に浮かぶ木の葉の後流には、木の葉の形そのままの流線の規則的な形が現われている。

節を迂回する
枝や節のような「障害物」の周囲の木目は不思議にも「流線形」をしている。

揃って動く
ムクドリのような鳥の群れは、見とれてしまうほどすばらしい協調性を見せる。

マダガスカルのバッタ
トノサマバッタのように大群をなして飛ぶ昆虫は魚や鳥ほど調和した動きはしないが、飛ぶ方向と間隔に高度な秩序が見られ、密集しても衝突することはない。

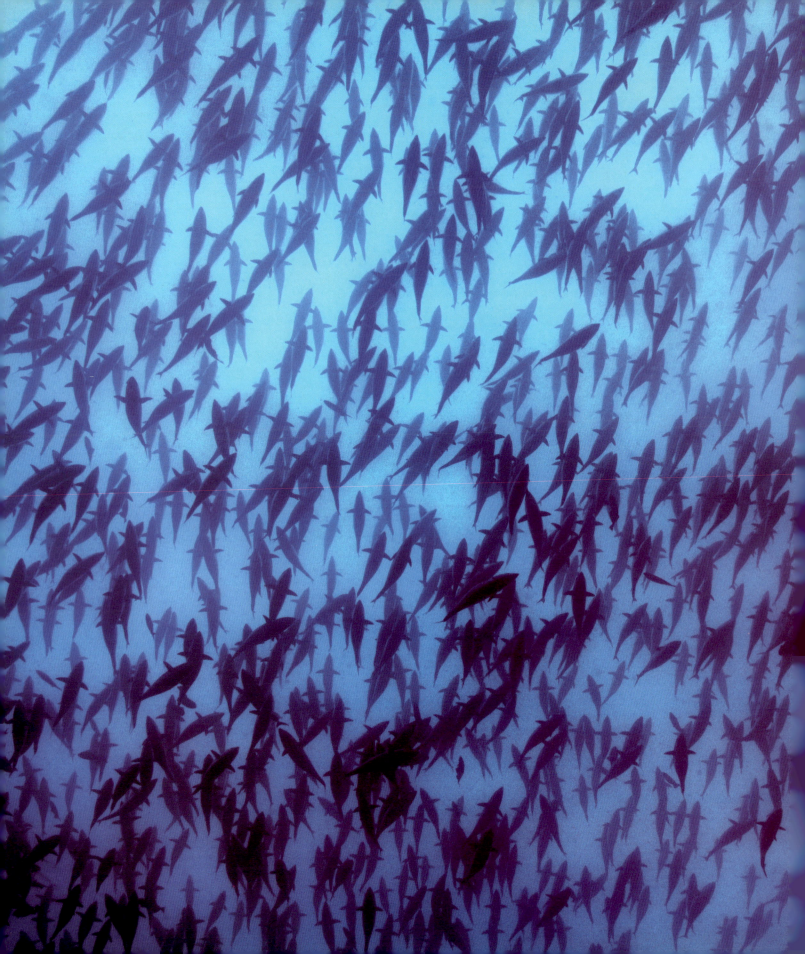

数の強み
魚群は非常に整然とした動きでドーナツ形の輪をつくって泳ぐ。

124 自然がつくる不思議なパターン

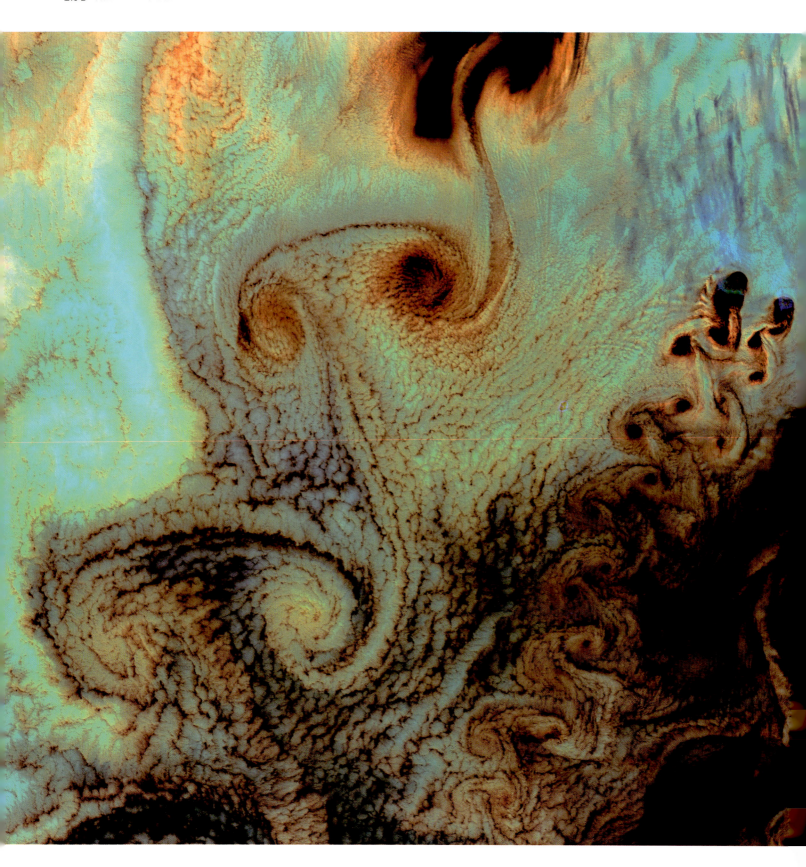

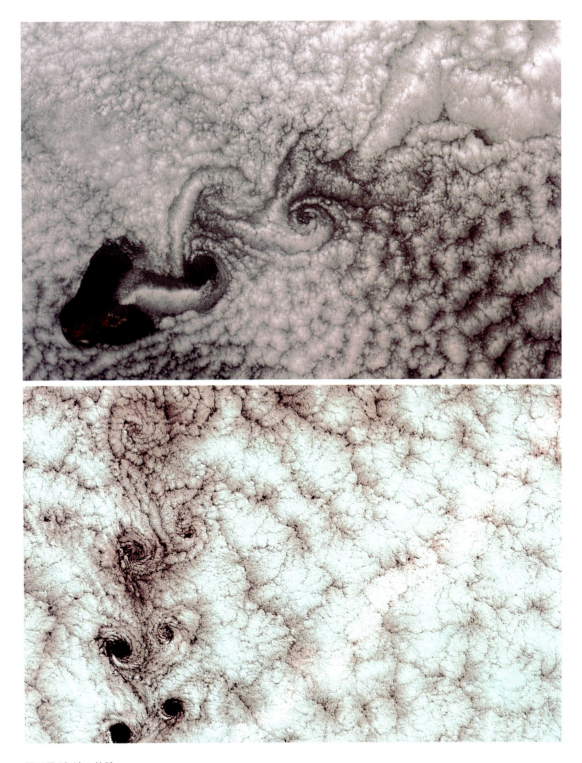

雲が暴く気流の軌跡
この渦列は、海面から突き出た島などが障害になって風が乱れたときに海の上空の雲に生じる。ここではキノコ形の「双極」渦と、左右で向きの異なるカルマン渦列のパターンが見られる。雲がなくてもパターンは形成されるが、目に見えるのは雲のおかげだ。

屈曲の法則
川の蛇行にはちょっとした法則がある。水路が狭いほどきつく曲がり、「波長」が短くなる。蛇行の波長と川幅の比率はほぼ一定ということだ。コンゴ共和国（1）、オランダ（2）。

1 ヒマラヤの氷の水
速度の速い流水は乱流になる。このようなカオスに秩序は生まれるのだろうか。それを知るには、流体の数学に取り組む必要がある。

2 メキシコ湾に面するバラタリア湾の汚染
まるで木星の帯状渦のように見えるが、そうではない。事故で流出した原油だ。流体の特徴的な形が様々なスケールで現われている。

3 巻積雲
このタイプの雲の規則的な縞模様は大気の対流のパターンを成因とする。

4 ひだで飾られた空
この雲のパターンは典型的なさば雲よりも縞が少ないが、「サイズ」はまさにさば雲のものだ。

5 網状河川、アラスカ
土砂が広く堆積したところに何本もの水路が重なるように流れる構造を網状河川という。流水に髪か絹布を広げたようだ。

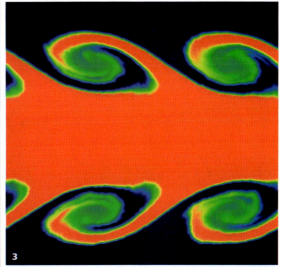
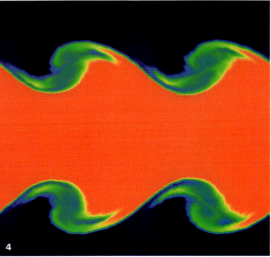

波立つ境界

空気でも水でも、速度の異なる流れがすれ違うとき、境界面に波形ができることがある。速度に差があることで境界面への圧力に差が生じ、ランダムなさざ波が増幅されて大きい波になる。ついには波頭ができ、それが砕けてくるりと巻いた渦の列になる。写真は大気のその状態が雲のおかげで見えているもの（1と2）。3と4はコンピューター・シミュレーション。この波が出現する現象は、それを説明した二人の科学者の名からケルビン＝ヘルムホルツ不安定性と呼ばれる。

132　自然がつくる不思議なパターン

波のパワー
砕ける波の高速撮影写真は、流体の並はずれた美しさと可干渉性(コヒーレンス)をとらえている。自己組織化の程度は肉眼ではほとんど見えないが、レオナルド・ダ・ヴィンチはその「隠れた秩序」を見抜いてスケッチした。

ブラジルの砂丘
レンソイス・マラニャンセス国立公園の砂丘。湖が出現したことで波形が際立っている。ここでも自己組織化パターンのスケールは、波形の波長に対応している。

砂のパターン
砂粒が流水に浸食され、運搬されてふたたび堆積することで現われるパターンは非常に幅広い。網状、樹枝状、畝状、さらに扇を広げたような形もある。どんな形になるかは多くの要因から決まる。例えば流水の速さと深さ、砂粒の凝集度のほか、斜面の崩れやすさなども要因になる。

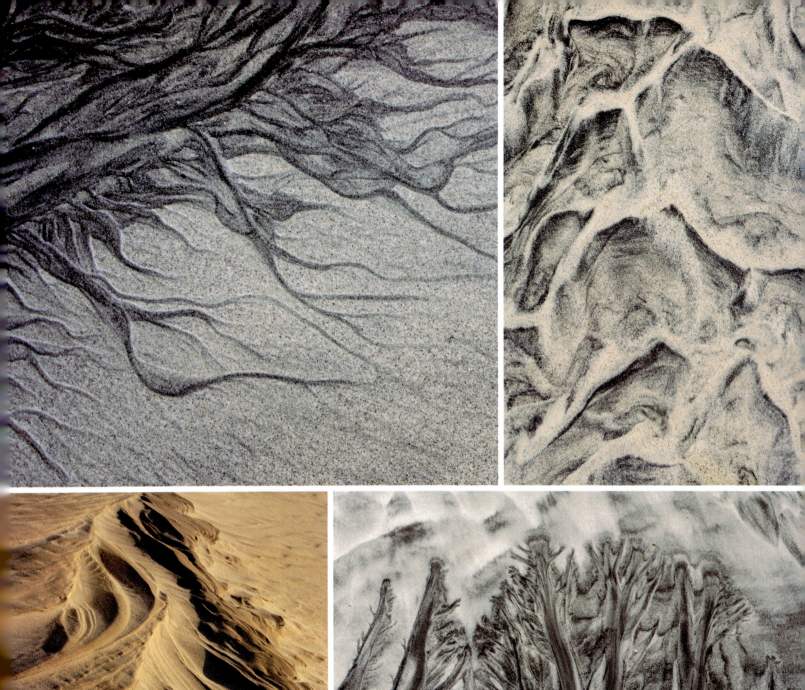

ストーンサークル

いわゆる「構造土」は、地中の水が季節によって凍結と融解を繰り返すことで循環流が生じるために形成される。写真はノルウェーのツンドラにできた石のリング。水は氷点よりも少し高い温度のときに密度が最も高くなるという性質があるため、地表近くで温められた水はその下の冷たい水よりも密度が高くなり、下降する。これによって対流セルができる。この循環流につかまった地表の石が寄り集まって塊や輪をつくったのち、土壌が凍ったときに起こる「凍上」という作用で地表に持ち上げられる。この作用は農民にはおなじみだ（農地に石がばらまかれたようになるため）。対流のパターンは写真のようなリングではなく、縞をつくることも多い。

自然とは本質的にすべて波である。光と音は波動であり、海洋と大気は循環し、電気パルスが心臓と脳を刺激している。量子物理学は、素粒子は一定の状況下で波のように振る舞うと教えている。波は空間のパターンであるとともに、時間のパターンでもある。周期的に行ったり来たりを繰り返すパルスだ。波と波が出合えば、干渉によって目をみはるような新しいパターンが生まれる。だが何よりも驚かされるのは、まったく無秩序で一方通行に見える作用の中に波が生成し、自己組織化が見られることだ。例えばランダムに運動する分子による化学反応や、風に吹き飛ばされた砂粒の衝突が、波を生む。そのとき波は鮮やかに自らの姿を物質に刻みつける。

細胞性粘菌のキイロタマホコリカビは地味な生活をしている。落ち葉の裏や土の中で細菌を食べて生きている。顕微鏡で50倍に拡大しても、端から端まで1ミリメートルにしかならない単細胞生物である。ところが食糧の欠乏や、低温や乾燥に直面すると、この原始的な細胞はアーティストに変身し、あっと驚くことをやってのける。

少々大げさな言い方だったかもしれない。それでも環境が悪化したときにキイロタマホコリカビのつくるパターンが美しいことは否定できない。コロニーは自ら整列し、細胞が密に集まった列とまばらな列とが交互に並ぶ。列はまっすぐでなく、カーブして繊細な渦巻きになる。細胞が並んで前進するにつれ、渦巻きはさざ波のように外へ広がりつつ回転する。二つの渦は出合ったところでともに砕ける。そうして現われるのは目を奪われるようなパターンだ。

それは、細胞が手を取り合って危機を乗り切ろうとする様子だとみなしてよいだろう。波のパターンはその第1ステージである。細胞はのろのろと寄り集まってナメクジのような塊になる。数百万と思しき細胞の集合体が一つの有機体のように振る舞いだし、水や暖かい場所を求めてうねうねと進むのだ。そしてよりよい環境が見つかれば、直立した指のような形をした子実体になる。てっぺんの果実のような丸いふくらみには、悪条件に耐えられる非活性状態の胞子が入っていて、新しい細胞に成長する準備を整えている。

これが生き抜くためのメカニズムだとすれば、なんとも独創的でお見事というしかない。それにしても、細胞はこの集団での離れわざをどうやってやってのけているのだろう。

実は化学物質でコミュニケーションを取っているのである。細胞は環境が悪化するとある種の化学物質

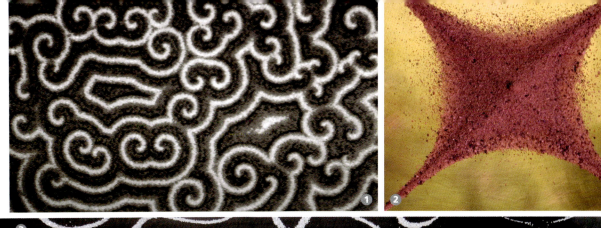

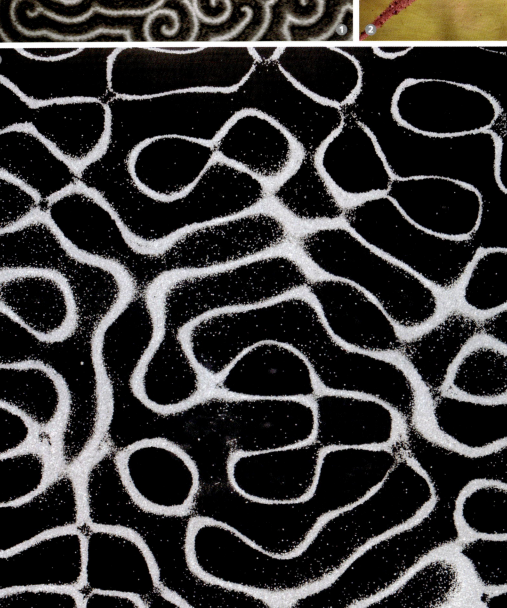

1 ロールセル
土壌に生息する粘菌のキイロタマホコリカビは、水や食料の不足で生息環境が悪化すると、集まって塊になる。そのとき細胞は化学誘引物質を周期的に放出する。この周期によってコロニーが同心円とらせんの波を形成する。

2, 3 クラドニ図形
クラドニ図形と呼ばれるパターンの成因も波だ。粒子をまいた平板を、音波などで振動させて現われるパターンである。

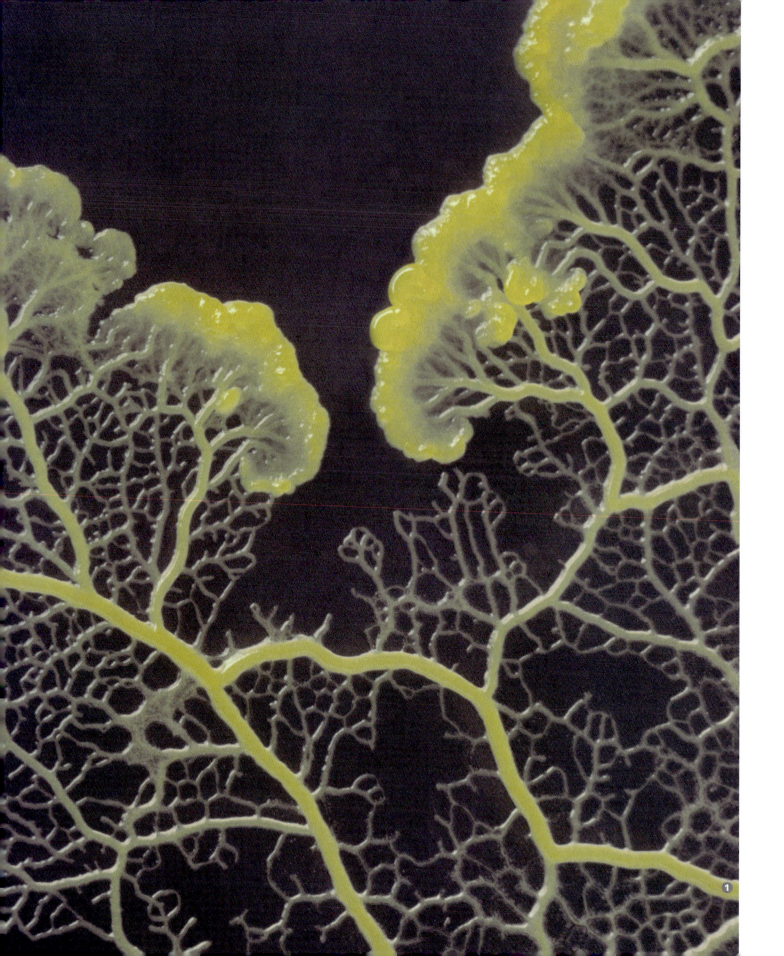

を放出し、周囲の細胞を引き寄せる。ちょうど動物がフェロモンを出して交尾相手を誘うのと同じだ。だが重要なのは、この化学誘引物質が周期的に放出されること、そしてその律動的な放出こそが、粘菌の集合体を波のように動かしているのである。

　律動的と聞いて心臓の鼓動を思い出す人もいるかもしれない。まさにそのとおりだ。キイロタマホコリカビのコロニーは、協働して周期的な活動をし、心臓の細胞のように振る舞っている。心臓は、細胞が発生させる規則的な電気パルスに合わせて心筋を収縮させ、血液を送り出す。

　この心臓の細胞の動きと、キイロタマホコリカビの動きを比較考察していくと、意外に奥が深い。心臓の電気信号の進行波は、キイロタマホコリカビの動きと同様、らせん波に転じることがあるからだ。ただし、もしそうなったら非常にまずい。この心臓の波の特別なパターンは、通常よりも速い心拍が始まる合図であり、やがてそれはリズムを失って弱々しくけいれんする、いわゆる「心室細動」の状態になり、命を脅かす危険があるのだ。キイロタマホコリカビのらせん波は生き残り戦略だが、心臓の場合は死をもたらしかねない。

　波は自然のあらゆるところに広がっている。これは例えでもなんでもない。音波は空気の振動だし、光は電磁場の振動する波だ。電場と磁場が互いに誘起し合って、何よりも速く空間を進む。波と波が出合えば「干渉」が起こる。二つの波の歩調が合うか合わないかで、波の山と谷を強め合ったり打ち消し合ったりする。

　水の波が壁や浴槽や川岸で跳ね返るときなどは、美しい波紋ができる。光の波の場合は、せっけんの泡の膜や泥道の表面の油膜のように目をみはるような色を出現させる。オルガンのパイプのような固定された空間に波が押し込められれば、特定の周波数とパターンが選ばれて共鳴するだろう。18世紀に、科学者にして音楽家のエルンスト・クラドニは、金属板の上に砂をまき、端をバイオリンの弓でこすると、金属板の振動の節にそって砂が美しい模様をつくることを発見した。節とは振動の波が上にも下にも動かない点のことである。

時計反応

　キイロタマホコリカビの波や心臓の波は、それとは違う。二つは本来の意味での振動ではない。粘菌も心臓の組織も、それらを揺らす媒体がないからだ。波は自分自身から起こる。波を運ぶ媒質から生じるのである。まるでコーヒーのミルクがいきなり分離して、褐色の液体の中で渦を巻きはじめるようなものだ。

　そんなことがある訳ない、とあなたは思うだろう。ただし、それは間違いだ。1950年代にソ連のある化学者が、ごくありふれた物質の混合物に波が自発的に発生することを発見したときも、化学者たちはまさにそう思った。ありえない現象だ、と。発見者のボリス・ベロウソフは無能だと責められた。なにしろ化学反応が初めは一方に、続いて逆の方向に進むというのである。時間が行ったり来たりするというのと同じだった。

　だが1960年代になって、アナトーリ・ジャボチンスキーという若いロシア人化学者がベロウソフのやり方

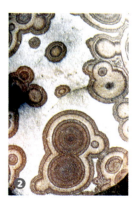

1 枝を伸ばす
粘菌の細胞は集まって変形体と呼ばれる塊を形成する。細胞同士が化学物質の信号をやりとりして集まるため、変形体は複雑な形をとる。写真は粘菌のススホコリの変形体。

2 リーゼガング模様の岩石
このパターンは岩に生えた苔ではなく、岩そのものの模様である。岩石が形成されるときの波状の結晶作用によってできる。波の前線が交差するところでリングが互いに壊し合っている。この構造は最初にこの周期的な沈殿現象を発見したドイツの科学者の名からリーゼガングの環と呼ばれている。

畝状の砂漠
写真の並行する波状模様のように、風が砂粒を並べ替えて規則的な構造をつくる。ランダムな小さい隆起から生じる自己組織化パターンである。一つの隆起から一定の距離のところに次の隆起ができて進行する。そのため、さざ波模様は風速と砂粒の平均の大きさで決まる波長をもつ。

を少し変え、混合物をもっと目を引く色、すなわち赤と青に変化させた。こうなっては否定のしようがなかった。反応は本当に行ったり来たりしたのである。この化学振動はベロウソフ＝ジャボチンスキー反応（BZ 反応）として知られるようになった。

振動反応はいつまでも続くわけではない。ビーカーに入れて放っておけば、しばらくすると一定の状態になって動かなくなる。だが新しい物質を加え、反応済みの物質を取り除くことを続ければ、色の変化を永続させることができる。要するに、物質とエネルギーの供給を続けている限り、反応の終着点である「平衡状態」にはならない。振動反応は非平衡現象なのである。これは多くの自然のパターン形成作用によく見られる。平衡状態になるどころか、エネルギーの絶え間ない流入によってその状態を維持するのである。例えば海水の間断ない循環は太陽の熱が引き起こしている。

1910年にオーストリア帝国生まれの米国人生態学者アルフレッド・ロトカが、振動化学反応の理論を定式化し、異なる物質間の反応が組み合わさることで二つの状態がシーソーのように交互に訪れることを説明した。一方の状態では、いずれかの物質の濃度が高いために混合物がある色になる。もう一方の状態では、別の反応物が支配的になるために別の色になる。

実は、ロトカは化学に特別な関心があったわけではない。生態学者であるロトカは動物の個体数の変動を理解しようとし、化学反応はその例えとして用いただけだった。

ここでキツネの個体群と、その獲物になるウサギの個体群について考えてみよう。ウサギは繁殖力が高いことで知られている。ウサギが増えれば、産む子の数もそれだけ増える。そうなるとウサギの人口爆発が起こる。ウサギを化学反応における分子だと考えれば、これは自己触媒反応と呼ばれる。触媒とは反応速度を上げる分子のことで、自己触媒反応はその分子が自らの生成反応速度を上げる現象である。自己触媒反応は正のフィードバック作用であり、熱暴走と同様、ふくれ上がって抑えがきかなくなる。止めなければウサギは増え続け、ついには食料の草を食いつくして絶滅してしまう。

しかし、キツネがこの暴走を食い止める。ウサギが増えれば、それを食うキツネも増える。ここは微妙なバランスだ。キツネがガツガツしすぎればウサギを食いつくしてしまい、キツネは飢えて死ぬしかない。そうでない場合、生態系は振動状態になるかもしれない。キツネがウサギをたくさん食えば、ウサギは少ししか残らず、キツネの数も減っていく。ここでウサギはひと息つくことができ、数を回復する。するとまた獲物の数が増えるのでキツネが数を盛り返すが、食いすぎればまた食料不足で数が減っていき……といった調子で続いていく。この周期のある時点ではウサギが多くキツネは少ないが、別の時点では両者が逆転している。

これがロトカの考えたことだが、彼はそれを自己触媒反応を起こす化学物質に置き換えて表現した。数十年後、反応物質がよく分散していてどの部分でも濃度が同じ混合物では、振動反応は次の二つの要素に依存することが指摘された。分子がどれだけ速く反応するか（分子を消耗する速度）、どれだけ速く拡散するか（分子を補給する速度）である。競い合うこの二つの作用のために、振動反応は反応拡散系と呼ばれる。

自然の波

フラスコを赤くしたり青くしたりする時計反応を眺めるのは楽しいが、この作用はそれだけにとどまらない。BZ 反応を起こす物質を皿にそそいで放置しておくと、赤と青の色の切り替わりよりもはるかに驚くべき現象が見られるのだ。液体の数カ所の点で色が変わり始め、そこから広がって円形の模様ができる。この波が広がった結果、混合物はもとの色に戻り始めるが、そこでまた

> "例えでもなんでもなく、波はまさに
>   自然のあらゆるところに広がっている"

同じ場所から新しい波が発生して振動の次の周期になる。これが一定の間隔で繰り返され、同心円の波が何重にもなっていく。ちょうど池に石を落としたときに広がる波紋のようだ。これが「反応と拡散の競争」による化学波である。

化学波のつくるパターンは様々な化学反応系で見ることができる。金属の表面では、その金属が触媒になって、そこに付着した気体分子間の反応のパターンが現われる。ただしこのパターンは普通、顕微鏡でなければ見えないくらいに小さい。また、同心円の帯が縞瑪瑙（しまめのう）や瑪瑙のような鉱物の模様を思わせるとしたら、それは偶然ではないようだ。これらの岩石は塩を含む温かい水が地殻の間を流れながら冷えていくときに形成されるが、そのとき何種類かの鉱物が結晶化してこのような帯状の模様になる。この結晶化のプロセスはBZ反応の化学波によく似た波を発生させるようだ。ただし鉱物の場合は、できた波が同じ場所で何千年も動かずにいるという違いがあるが。

BZ反応のターゲット模様とらせん模様は、キイロタマホコリカビの細胞が命を守るために仲間を探しあてて「キノコ形」になるときにつくるパターンによく似ている。どちらも化学物質に関連する反応だが、性質がまったく違う。一方は単に物質が混ざり合ったもの、もう一方は化学誘引物質を周期的に放出して踊る細胞だ。そしてすでに見たとおり、これらの起こす波は、心筋を通過してリズミカルに心臓を収縮させる電気信号の波にも似ている。このように様々な系によく似たパターンが現われるのはなぜなのだろうか。

1 化学波
BZ反応と呼ばれる化学物質の振動反応では、ある色（赤）がしばらくすると別の色（青）に変わる（上の写真）。混合液をかき混ぜずに放置しておくと、この振動反応の中心点から生じた波がこのような同心円状のターゲット模様やらせん模様になる。波の前線が出合うと互いに形を壊し合う。

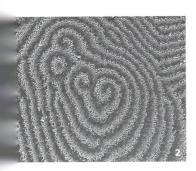

2 貝殻の模様
ある種の二枚貝の殻に、成長する生体鉱物の表面が削られて微小ならせん模様やターゲット模様ができることがある。BZ反応による化学波のつくるパターンによく似ている。

　その理由は、細かいところは別として、すべてのケースにおいて基本が同じだからである。化学物質の溶液も細胞のコロニーも心臓組織も二つの状態を切り替えることができ、その切り替えにはフィードバック作用と自己触媒反応がかかわっている。キツネとウサギでさえ同じだ。例えばウサギの最初の個体数があの場所とこの場所でランダムに少しずつ違っていれば、個体数の多い集団は放射状に外へ広がる個体数増加の波の発生源になるだろう。そしてすぐあとから満腹のキツネの波が追いかけてくるというわけである。

　反応拡散プロセスは、貝やカタツムリなどの軟体動物の殻にできる波状の模様の説明にもなる。それをつくる正のフィードバックは、砂漠の砂の風紋や砂丘の形成でも働いているようだ。砂丘は様々な形をとる。風向きに平行な列が並ぶ縦列砂丘、ヘビのようにくねるセイフ砂丘、三日月形の砂山が点々とできるバルハン砂丘。星形砂丘は中心の砂山から放射状に腕が伸び、ヒトデによく似ている。

　砂丘は火星でも観測されている。火星にも風に巻き上げられた砂が堆積した砂漠があるのだ。ただし地球とは条件が違うため、地球のどこにもないようなパターンが生まれていることだろう。土星の衛星のタイタンにも砂漠があるが、この場合は砂ではなく、蝋（ろう）に似た炭化水素の、おそらく氷に覆われた化合物である。これらは自己組織化によるパターン形成がこの宇宙の特徴であることを思い出させる。細部は違っても、基本的なプロセスは同じである。まったく見たこともないような世界が、存在しそうにないのはそのためだ。

150　自然がつくる不思議なパターン

さざ波模様
風に吹かれた砂のパターンと巻き貝の殻の色素沈着のパターンは、どちらもいわば固まった波だ。砂の模様は風に吹かれた砂粒が堆積するために少しずつ変化する。規則的なパターンは波と波の相互作用で決まる。一方、貝殻のパターンは殻のふちが形成されるのと一緒に、色素沈着の波が移動することで

色素の波

巻き貝が成長するにつれて、殻のふちのところどころに色の着いた物質が固着する。色素沈着のある成長時期とない時期が周期的なら、円錐形の殻の中心軸に直角な帯ができる。色素着色がふちの決まった個所に起これば軸に平行な縞に、波状に起これば斜めの縞になる。いずれも化学波のパターン形成と同類のものだ。

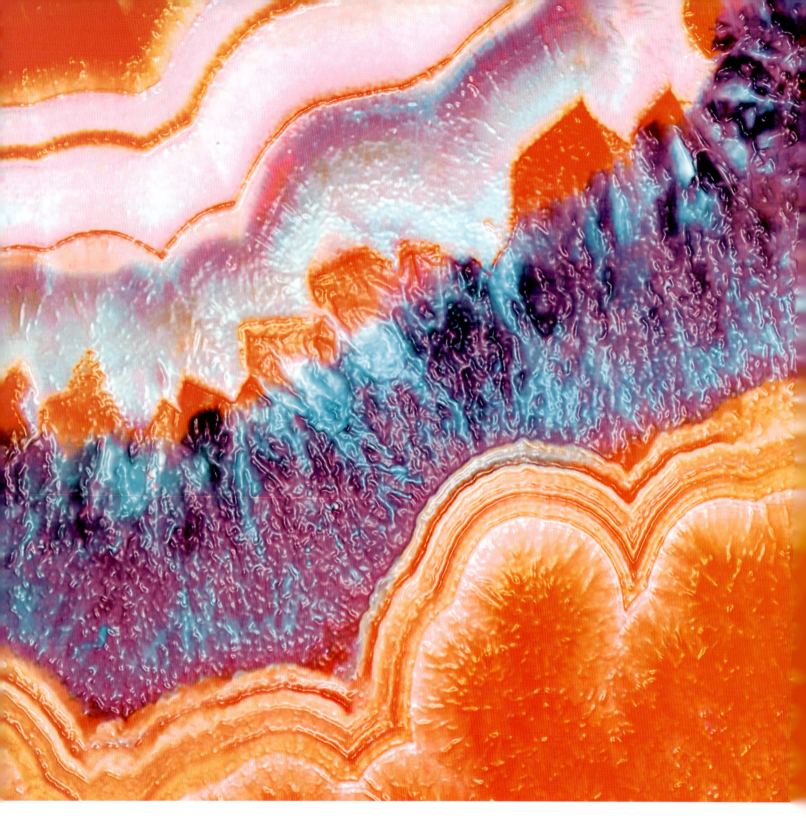

岩の模様
写真の瑪瑙（めのう）のような鉱物では、形成されるときの結晶化の波のパターンに、その裏で働いている「反応拡散プロセス」がそのまま記録されている。

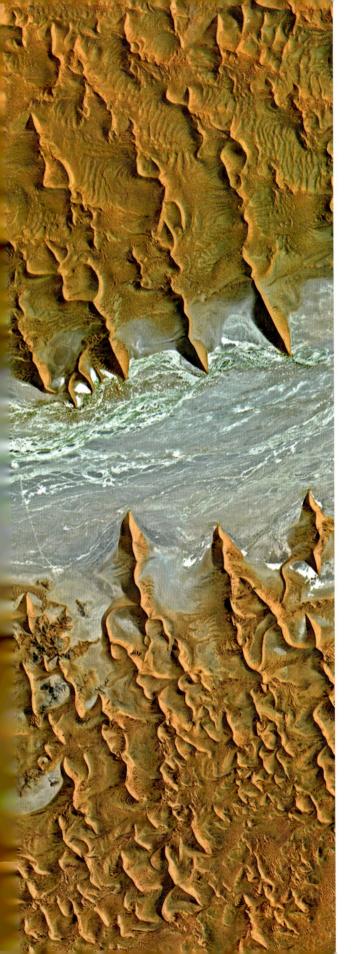

砂漠の歯

ナミビアのナミブ砂漠に見られる不規則に波打ったような砂丘は、300メートルもの高さがある。青い部分は干上がった河床、白いすじは塩の堆積である。中央に道路がかろうじて薄青い線として見えている。

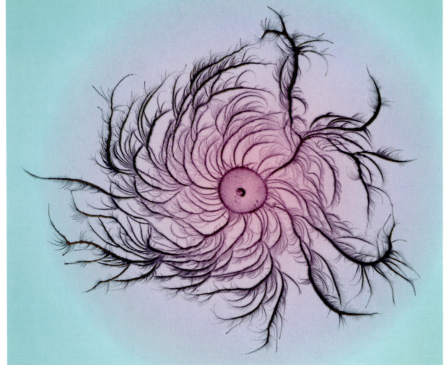

細菌のアート
細菌のコロニーは、細胞間の化学物質の伝達によってこのような密に枝分かれした複雑な形に成長する。コロニーに発生した変異体に親細胞よりも速く繁殖する能力があると、成長パターンを変えることがある。

波と砂 159

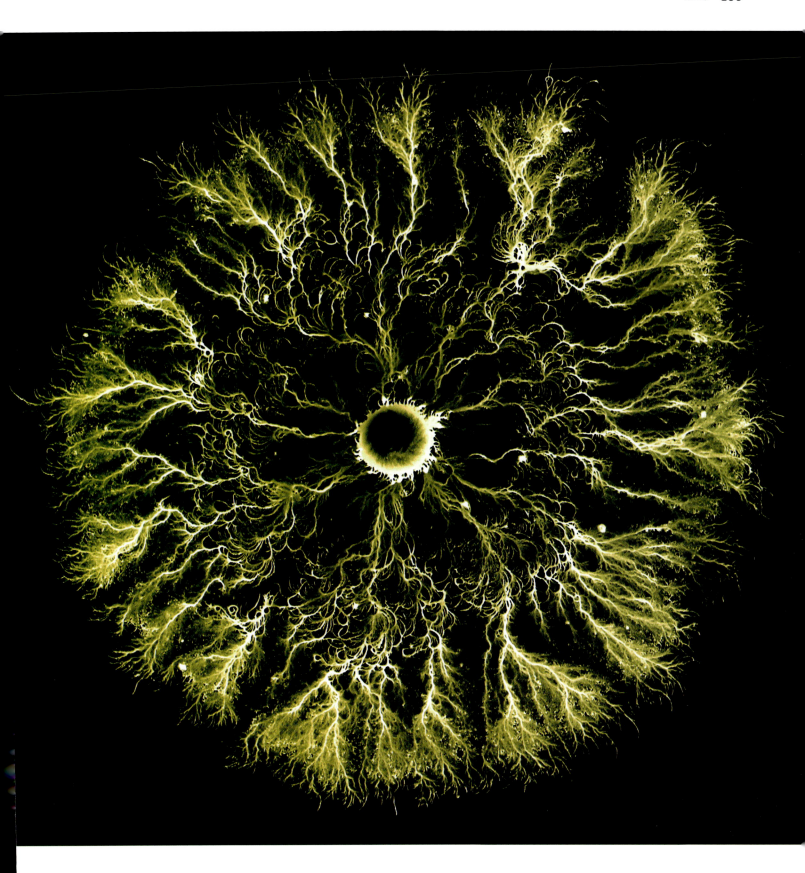

160 　自然がつくる不思議なパターン

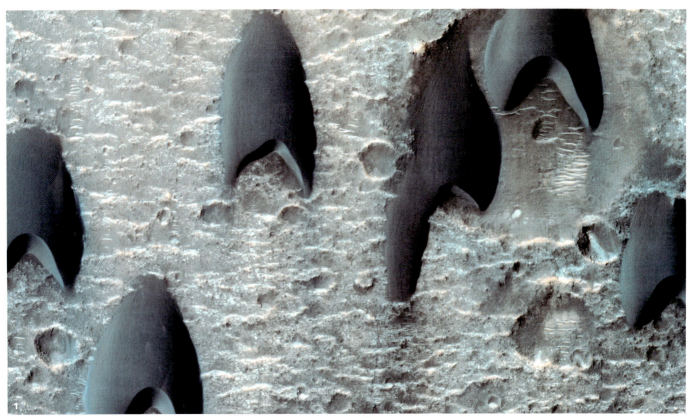

火星の砂漠

火星の砂漠にも風が吹きわたり、地球と同じように砂丘や様々な砂のパターンが形成される。三日月形のバルハン砂丘（1）のように地球の砂丘とよく似たものもあるが、地球ではお目にかかれないようなものもある。砂粒の運ばれ方、跳ね返り方に影響する条件が異なるためだ。火星は地球よりも重力が弱く、大気は薄く、風はずっと強い。

ているのか
レーションを与えるのか

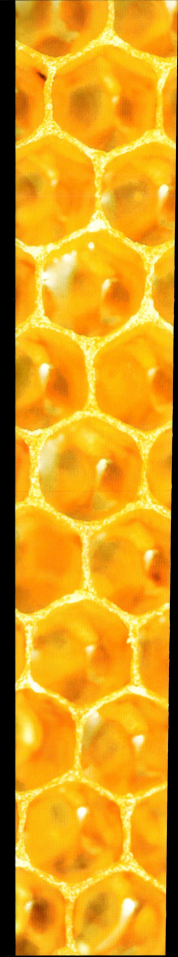

英国の科学者ジョン・ハーシェルが1830年に書いている。「自然の根本原理を追究する者にとって、自然にはつまらないものも瑣末なものもない。せっけんの泡……リンゴ……小石。その人は驚きに満ちた世界をいつも歩いている」。確かにシャボン玉など、子供のおもちゃとしか思えないかもしれない。しかし、科学の賢人の中にはその美しさと魅力に心を奪われ、その形を不思議に思った人々がいた。シャボン玉の形には無駄がない。それはせっけん膜を押し伸ばして美しくカーブさせる作用の絶妙な力のバランスによって生まれる。ときに自然は、こうしたパターンを発展させて見事に効率的な構造物をつくり出す。

ハチはそれをどうやってつくっているのだろう。幼虫を育てるための琥珀色の花蜜を蓄えたハチの巣は、精密工学の傑作だ。断面が六角形の角柱がきっちり並べられ、蝋の壁は厚さが揃い、集めた蜜がこぼれないように巣房はわずかに傾斜して、巣全体は地磁気の方向に合わせられている。設計図も青写真もないのに、狂いなくつくられたこの構造は、いったいどうやっているのか不思議だが、たくさんのハチが協働した成果なのである。

古代ギリシアの数学者アレクサンドリアのパッポスは、ハチは「図形に関してある種の計画性」を備えているに違いないと考えた。そんな知恵を与えられるのは神をおいて誰がいるだろう。作家ウィリアム・カービーの1885年の言葉によれば、ハチは「天に導かれた数学者」だ。だが、チャールズ・ダーウィンはそうは考えなかった。ダーウィンは、自分の進化の理論のとおりに、ハチが遺伝的本能のみで完全なハニカム構造をつくれるかどうかを実験で確かめた。

それにしても、なぜ六角形なのか。それは単純な幾何学だ。形と大きさが同じ巣房を平面に隙間なく詰め込もうとした場合、それができる形は三つの正多角形しかありえない。正三角形、正四角形、正六角形である。この三つのうち、六角形は同じ面積の三角形および四角形と比べて壁の長さの合計が小さい。つまり六角形のハチの巣は一番合理的なのである。建築家がレンガの数をなるべく少なくしようとするのと同じで、ハチも巣をつくるのに要する代謝エネルギーをできるだけ節約したいはずだ。これが18世紀の考え方だった。ダーウィンは六角形のハチの巣は「労力と蝋を節約するのに完璧」だと明言した。

ダーウィンは、最小のエネルギーと時間で巣房をつくるハチの本能を、自然選択の結果だと考えた。しかしそのためには、壁の角度や厚さを測る特殊な能力がハチに備わっていなくてはならない。この点で、誰もがダーウィンの考えに同意できるわけではなかった。そもそも自然には、六角形を並べたものがほかにもあるではないか。

表面張力

水面に泡の層をつくったら、ひしめく泡はどれも六角形になる。四角形の泡を目にすることは絶対にない。四つの泡の壁が集まっても、三つの壁がそれぞれ120度の角度をなすよう、たちまち並び方を変えてしまうのである。ちょうどメルセデス・ベンツのエンブレムの形だ。

ここではハチのような生きものがこの形をつくっているわけではない。パターンを導いているのは物理法則である。その法則が、泡の壁は三つと決めている。もっ

六角形の巣房
巣をつくるキオビクロスズメバチ。ハチはなぜ、どうやって六角形の巣房をつくるのだろうか。

泡 165

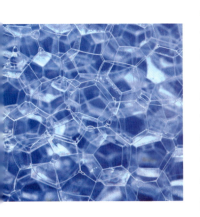

繰り返す形
集まった泡の一つひとつは多面体だ。平面をもち、ほぼ規則的な形をしている。その形は、何種類かの近似式を使って求められる。

と複雑な泡の集合でも同じように法則がある。容器に入ったせっけん液をストローで吹くと泡が3次元に積み重なるが、このときどの頂点も、触れ合う壁は必ず四つと決まっていて、それが約109度の角度で接する。これは正四面体の中心と頂点を結ぶ角度である。

せっけん膜の接し方と泡の形を決定している法則はなんだろう。自然はハチよりもずっと節約に配慮している。泡と膜は水（およびせっけん分子）でできていて、表面張力が液体の表面を引っ張り、面積をできるだけ小さくする。だから雨のしずくは、ほぼ球形をしている。体積が同じなら球形が最も表面積が小さい。葉の上に落ちた水のしずくが分かれてビーズのように小さな玉になるのも同じ理由である。

この表面張力で泡のパターンを説明できる。泡は表面張力の合計が最小になる構造をとろうとする。これは泡の壁の面積が最小になるということでもある。だが、泡の壁の配置も力学的に安定しなくてはならない。つまり壁と壁の接合部で異なる方向へ引き合う力が完全に釣り合う必要がある。大聖堂が建っているためには、壁にかかる力が釣り合っていなくてはならないのと同じことだ。2次元の泡の層が三つの壁で接するのも、3次元の泡の塊が四つの壁で接するのも、このバランスをとるための配置なのである。

ハチの巣は軟らかい蝋でできた泡が固まったようなものだから、表面張力によって六角形になるとする説がある。しかしこの考え方では、スズメバチの巣も同じく六角形の巣房が並んでいる理由を説明できない。スズメバチの巣は蝋ではなく、木の繊維や草の茎などを唾液で固めた一種の紙のようなものでできているからだ。表面張力は働かない。しかもスズメバチの種によって遺伝的本能が違うのは明らかなようで、巣の形は様々なのである。

せっけん膜の接合点の形がこのような力学的な相互作用によって決まるとしても、泡の塊がどんな形になるかはここからはわからない。泡の塊は普通、大きさも形も様々な多面体の泡が集まっている。よく見てみれば、その多面体に完全な直線の辺がほとんどないのがわかるだろう。どれも少しだけ湾曲している。これは小さい泡ほど内側の気体の圧力が大きいために、大きい泡に接した小さい泡の壁が少しだけ大きい泡の方に張り出すからだ。しかも面は辺が五つのものもあれば、六つのものや四つのものも、三つしかないものもある。これらの形はみな、壁が少し曲がることで力学的に安定な配列の四面体に近づく。それで個々の泡の形に幅がある。泡は幾何学的法則にしたがいつつ、かなり無秩序なのである。

全部の泡を同じ大きさにできるとしよう。壁の総面積が最小で、接合点の角度の条件を満たすような理想的な泡の形はどんなものだろうか。これについては長いあいだ論じられ、四角形と六角形の面をもつ十四面体だと考えられてきた。だが1993年に、もう少し節約効果のある構造が発見された。ただし規則性はさらに失われ、8種類の多面体の組み合わせを1単位として、それが繰り返される。この複雑なパターンは2008年に開催された北京オリンピックの水泳競技場の設計のもとになった。

泡の形の法則は生きた細胞のパターンも支配する。ハエの複眼は泡と同じく六角形の個眼が隙間なく並んでいるが、そればかりでない。個眼の感光細胞も泡と同じように四つが集まってクラスターになっているのである。突然変異でそれが四つより多いハエもいるが、その場合も同じ数の泡の集まりとほぼ同じ配置をとる。

表面の経済学

ループ状の針金に張ったせっけん膜は、表面張力でトランポリンのように引っ張られて平らになる。針金の枠を曲げればせっけん膜も優美な輪郭を描いて曲がり、

泡の幾何学
せっけんの泡の塊をよく見ると、四つの辺が一つの頂点に集まっていることが多い。面が湾曲しているのは、泡の内部の気体の圧力に差があるためだ。

枠に囲まれたその空間を最小の物質で覆う方法を教えてくれる。ここから複雑な構造の屋根を最も少ない材料でつくる方法を知ることができる。ドイツの建築家フライ・オットーがこの手法を利用したのは、いわゆる「極小曲面」が美しく優雅であると同時に、経済的でもあるからだ。

極小曲面は表面積が最小であるだけでなく、曲率の合計も最小になる。曲がり具合がきついほど、曲率は大きい。第1章で見たとおり、曲率には正（出っ張り）と負（くぼみ、鞍型）がある。正と負が打ち消し合えば、平均曲率がゼロの曲面もありうるということだ。

したがって、面はいろいろに曲がっていても、曲率がごく小さいかゼロになる場合さえある。このように最小に曲がった面は空間を分割して、通路に貫かれた規

泡の結晶
藻類の一種である珪藻は、ケイ酸質の硬い殻に包まれている。この被殻は溝や孔や突起が複雑なパターンをなし、固まった泡のように見える。泡に似た柔らかい組織を型にして成長するためだと考えられている。

則的な迷路のような網状構造をなすことがある。これを周期的極小曲面という（「周期的」というのは同じ構造が繰り返されるため。言い換えれば正則パターン）。19世紀にこのようなパターンが発見されたときは、数学的な興味の対象にすぎないようだった。現在では自然がこのパターンを利用していることがわかっている。

植物からヤツメウナギやウサギまで、様々な生きものの細胞にこのような微小な構造をもつ薄膜がある。何のためかは誰にもわからないが、非常に広く見られるので何らかの役に立っていると考えてよいだろう。生化学作用を個々に分離し、互いに干渉したり妨害したりしないようにしているのかもしれない。あるいは「作業面」を増やす効率的なやり方なのかもしれない。酵素などの分子は薄膜上にあり、多くの生化学作用が薄膜の表面で起こるからである。働きが何であれ、このような迷路は遺伝子による複雑な指示がなくてもできる。物理法則がやってくれるのだ。

ミドリコツバメやマエモンジャコウアゲハのようなチョウは、鱗粉（りんぷん）がキチンという硬い物質でできていて、それが規則的な格子状の迷路をなしている。ジャイロイドと呼ばれる周期的極小曲面の一つだ。鱗粉の規則的な構造に跳ね返った光が干渉を起こして特定の波長、すなわち色を消したり強めたりする（ここでは緑色を強める）。つまりパターンが生物の色をつくっているのだ。

型破り

ウニの一種であるシダリス・ルゴサ（*cidaris rugosa*）も、別のタイプの周期的極小曲面の形に似た孔の多い網のような構造をしている。この構造は実際には軟らかい組織を守る外骨格で、白亜や大理石と同じ鉱物からできた鋭い突起が生えている。開放格子構造なので、航空機に使われる金属発泡体のように軽量でありながら強度を備えているということだ。

このような有機体は、硬い物質で規則的な網状構造をつくるために、まず軟らかい膜で型をこしらえ、つながり合った網の一つの内側に硬い材料を結晶化させる。これと同じやり方で鉱物の規則的な泡を成型し、もっと高度な使い方をする生物もいる。このような格子状の規則的な構造が光を跳ね返して、鏡と導管のように働き、中に光を閉じ込めて導くのである。海に棲む環形動物のコガネウロコムシの仲間は、脊索（せきさく）が中空の線維を束にしたハニカム構造になっており、この毛束のような器官が天然の光ファイバーのような働きをする。光のあたる方向によってこの生物を赤から青みがかった緑色に変えるのである。このような色の変化は捕食者を寄せつけないための策なのかもしれない。

軟組織と膜を型にして鉱物の外骨格を形成するというやり方は、海生生物に広く見られる。ある種のカイメンは棒状の鉱物がジャングルジムのように連結した外骨格をもつ。これがせっけんの泡の辺と接合点のパターンに驚くほど似ている。表面張力が構造を決定しているとすれば、偶然ではない。

バイオミネラリゼーション（生体鉱物形成作用）と呼ばれる硬組織の形成は、海生生物の放散虫と珪藻において目をみはるような結果をもたらす。これらの生物の中には、六角形と五角形の繊細な網状パターンの鉱物の外骨格をもつものがいる。海のハチの巣とでも呼べそうだ。生物の細密なスケッチを遺したドイツの生物学者エルンスト・ヘッケルは、19世紀後半に初めて顕微鏡でこれらの形を見たとき、『生物の驚異的な形』と題した図録の目玉にした。この図解集は20世紀初めの画家を刺激し、今もなお人々を驚嘆させている。ヘッケルにはこれらの生物が、自然が本質的に創造性を備えて芸術的効果を狙っていることの証拠のように思えた。規則性とパターンは元来、自然法則に組み入れられているというわけである。現在の私たちがこの考え方に同意できなくても、自然はパターンをつくらずにいられないとするヘッケルの確信には何か感じるものがある。自然に美を見出して何がいけないだろう。

> "周期的極小曲面は、数学的な興味の対象にすぎないようだった。現在では自然がこのパターンを利用していることがわかっている"

ピタリと収まる
層になってひしめく泡はほとんどが六角形をしているが、全部が正確な六角形というわけにはいかない。中には、辺が五つや七つの欠陥品もある。それでも興味深いことに、接合点は三つの壁が約120度の角度で接すると決まっている。

働く力

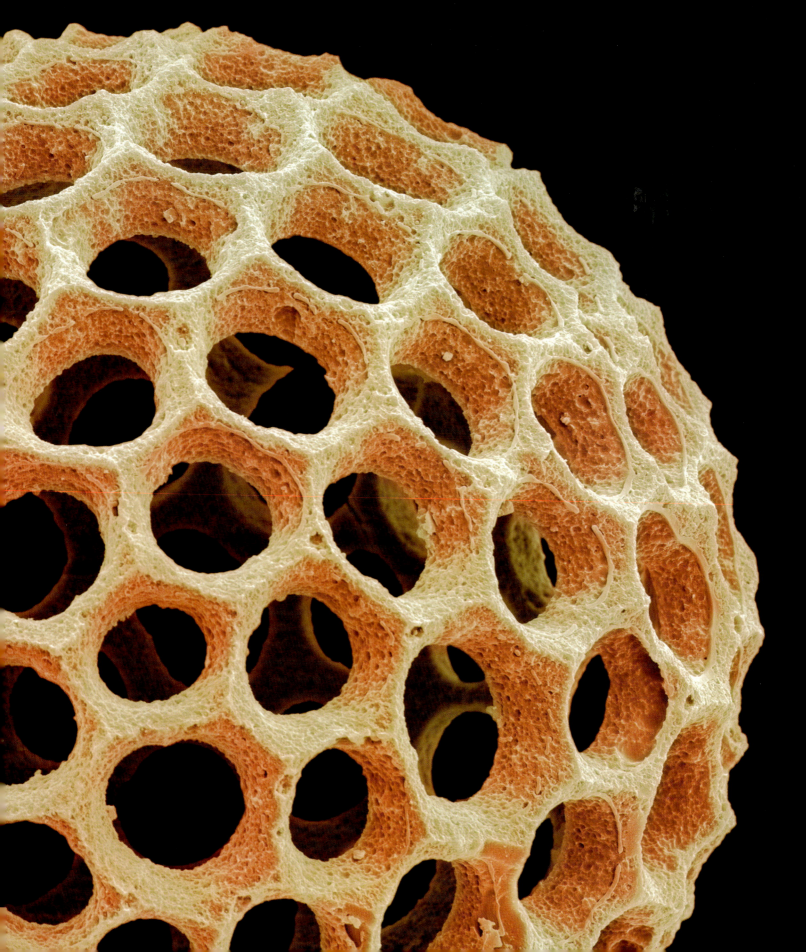

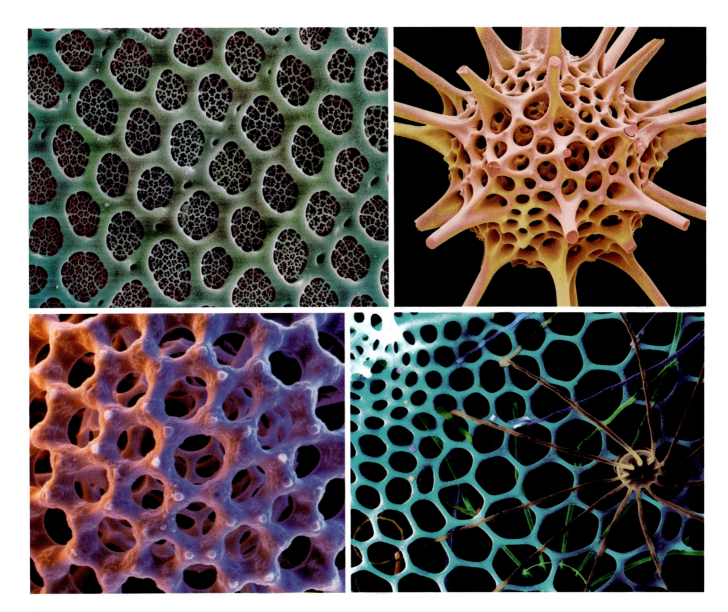

微細な海のハチの巣

放散虫の複雑な多孔質の外骨格は「固まった泡」のようだ。泡に似た小胞が一時的に形成され、そこに鉱物が沈着してできる。そして驚いたことに、泡の層と同じ「法則」がここでも働き、3辺がおよそ120度の角度で接してほぼ六角形の配列が形成されるのだ。この基本原則をもとに、放散虫の様々な種がそれぞれのやり方で微細な構造をつくる。写真のような放散虫は普通、約0.1～0.2ミリメートルの大きさである。

泡の力を借りて
自然界には泡を利用する生物がいる。写真のアサガオガイは粘液でつくった泡のいかだで海面を漂い、水面の小さい生物を捕食する。

構造色
チョウの翅(はね)の鱗粉に平行に並ぶ細かいすじが特定の波長の光だけを反射する。色素が光を吸収するのではなく、物理的な構造が光の干渉を起こすことによる発色だ（ここでは玉虫色の青と緑）。ある種のチョウの鱗粉をもっと拡大してみると、次のページの写真にあるように、さらに細かい複雑な構造が見つかる。

チョウの泡

ミドリコツバメの鱗粉の断面。グルコース誘導体を成分とするキチンでできたこの3次元の構造は、規則的に交差する通路に貫かれている。周期的極小曲面の一つであるジャイロイド構造である。軟組織の膜でできた泡のようなものを型にして形成されると考えられている。軽量で強度がある構造だが、重要な働きは光を反射して干渉を起こすことだ。その結果、鱗粉が緑色に見える。

鉱物の網
写真のカイロウドウケツのようなカイメンの多孔質の繊細な骨格は、ガラス質の「針骨」が編み合わされてできている。

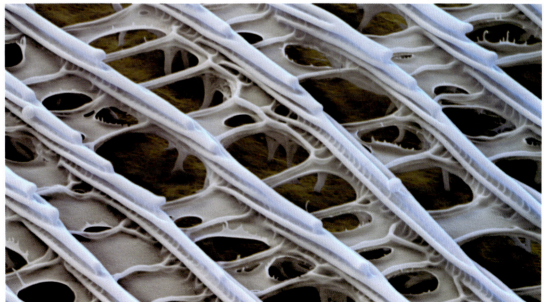

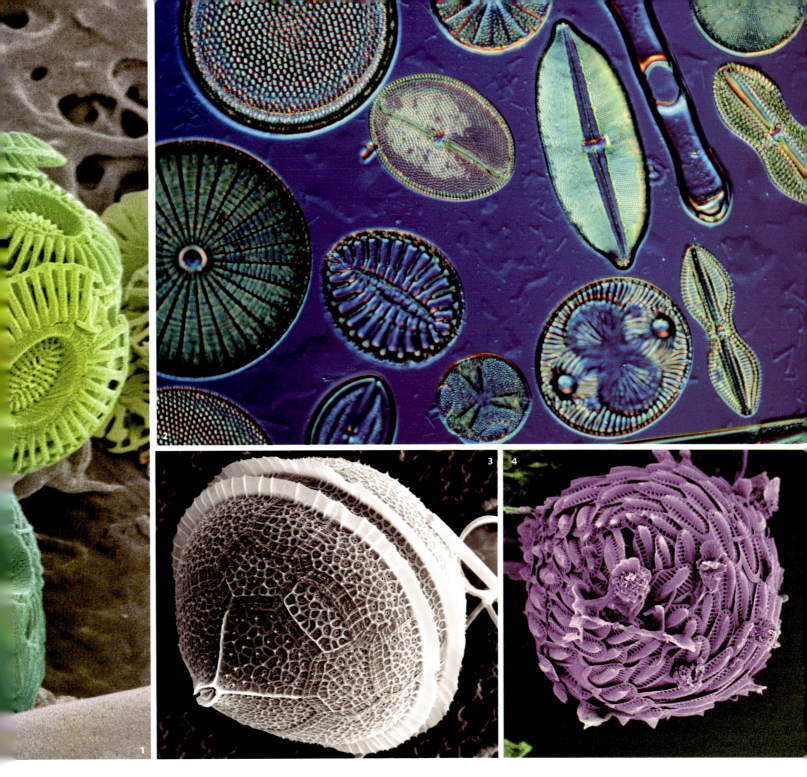

海の造形
多くの海生生物が繊細な模様の硬い外骨格をもつ。小孔が多く、泡の集まりのように見える。これらも軟らかい有機物質の型に鉱物が堆積してできたもののように思えるが、詳しいことは解明されていない。写真は円石藻（1）、珪藻（2、4）、渦鞭毛藻（3）。

近づくな
ウニのシダリス・ルゴサは針の鎧で身を守る。炭酸カルシウムでできたこの突起には複雑な網目模様が付いている。このパターンは顕微鏡でなくては見えないレベルにまで刻まれており、下の円の中のような多孔質の規則的な構造をしている。

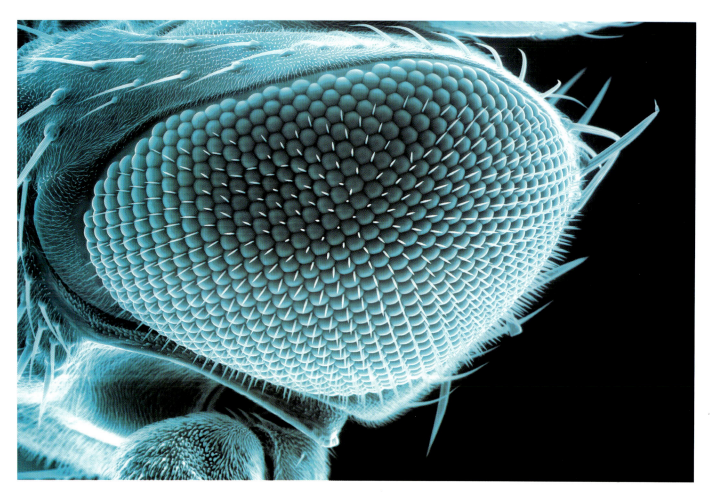

泡の視覚
六角形の個眼が隙間なく並んだ昆虫の複眼は、泡の層によく似ているが、実際にはレンズが集まったもので、その下に細長い視細胞がつながっている。生体細胞のクラスターがつくる構造は、泡の層や泡の塊とほぼ同じ法則から生まれるものが多い。例えば細胞壁も、一つの頂点で接するのは三つだけである。ハエの個眼の微細な構造はその好例だ。個眼は感光細胞が四つ集まっているが、四つの泡の集まりと同じ形をしている。

しずくの形

撥水性の表面に落ちた水は小さい水滴に分裂するだろう。水滴の形はおもに水の表面張力で決まる。表面張力に引っ張られてほぼ球形になるが、ほかに重力および水と葉の表面との間に働く力が影響する。後者の力が強ければ水滴はレンズ形になる。表面の撥水性が弱ければ広がって膜状になる。

古代の哲学者には、この世界は根本的に図形で成り立っていると考える者がいた。神が単純な数学的法則をもとに、この世界を創造したのだという。結晶のことを思い浮かべれば、そう考えるのも無理ないことだと思えるだろう。まさに地球の基本物質である結晶は、平面に囲まれた規則的な形をしている。地下で働く鉱夫や洞窟の探検家は、自分が幾何学的世界のただ中にいることをよく知っていた。整然とした結晶が光り輝く、数学的に完成された自然の姿を目の当たりにしたからだ。結晶はどのようにできるのだろうか。物質には、自然が本来的にもつ秩序が刻まれているのだろうか。

17世紀初め、ドイツ人天文学者ヨハネス・ケプラーは、結晶の形の成因として、神の御心よりもっと確かなものはないのだろうかと考え続けていた。

雪の結晶が必ず六角形なのはなぜだろう。砲弾を船倉に隙間なく詰め込むには、1個の砲弾のまわりを6個の砲弾で六角形に囲むように詰めるのが一番効率的だ。それと関係があるのだろうか。雪の結晶が6回対称なのは、凍った水の「小球」が詰め込まれているからなのだろうか。

ケプラーは答えを突き止めるところまで行かなかった。この問題が解明されるようになったのは4世紀も後の最近のことである。だが、結晶が規則的な形をしている理由について、ケプラーの直感は正しかった。

18世紀のフランスの聖職者で植物を研究していたルネ＝ジュスト・アユイが、結晶の形は原子の配列で決まることを発見した。結晶学の教本にもなった1801年の著作で、アユイは原子が配列して古代の階段状ピラミッドのように小さな平面をつくっていくことを示した。

原子がこのような構造になっているため、結晶格子の中で繰り返される最小単位のクラスターの形が、そのまま結晶の形として現われる。普通の岩塩（塩化ナトリウム）なら、この単位クラスターが立方体なので、結晶も立方体だ。料理に使う塩を顕微鏡で見てみればわかる。また、炭酸カルシウムの結晶鉱物である方解石がひし形の平面をもつのも、構成単位の原子がそう並んでいるためである。このような鉱物の結晶の形を「晶癖」という。結晶は多様で美しいが、いずれもその構成要素である原子のミクロ配列が、私たちが見たり触れたりできるスケールで現われている。

結晶の構造は対称性の概念を使って分類できる。第1章で見とおり、対称性とは回転させたり鏡に映したりしても見た目が変わらない性質のことである。あるものを、ぴったりと繰り返し並べていく方法は決まった数しかない。繰り返しのパターンはその対称操作によって分類され、それぞれ群と呼ばれる。例えば2次元の「文様群」の場合、1種類で平面に隙間なく敷き詰められるのは正方形、正六角形、正三角形の三つしかない。正多角形でなく、例えばレンガのような長方形なら、また別の群になる。文様群（壁紙群ともいう）には17種あり、その多くが古代から世界各地の文化圏で壁や床の装飾に使われてきた。

結晶は原子が3次元に積み重なっている。この場合、対称操作にもとづく群は空間群と呼ばれ、230種がある。物体を3次元に正規配列するのに230通りの方

結晶のタペストリー
偏光顕微鏡で見た塩化マグネシウム。

法があるということだ。結晶は必ずそのうちの一つに属している。そうでなければ本当の結晶ではない。反復する最小単位で構成されていない、ということになるからだ（ただしあとで見るとおり、結晶の定義にもよる）。

最も単純な結晶、例えば金属は同一の原子からなる。原子の大きさがみな同じなので、六方配列で効率的に詰め込める。球充填ではこれが最も密に詰め込める方法であることを、ケプラーは砲弾の詰め込み問題を考えたときに気づいていた。しかし、それがコンピューターを使って証明されたのは、ようやく1998年のことだった。

六方最密充填では、球と球の隙間が約25パーセントしかない。鉄、クロム、タングステンといった金属はいわゆる体心立方格子構造をとり、立方体の各頂点とその中心に原子が位置する格子を単位として繰り返す。隙間は32パーセントになる。ダイヤモンドの場合は、やはり立方体に8個の炭素原子が位置する格子が繰り返され、隙間は66パーセント残る。このほか、複数の種類の原子からなる結晶は、結晶格子の構造がかなり複雑になることがあるが、それでも繰り返しのパターンは必ず230種のうちのどれか一つに該当する。

原子が規則正しく配列した結晶にX線を照射すると、散乱したX線が干渉し合って明るい点のパターンをつくる。これから原子の位置を推測することができる。X線結晶構造解析と呼ばれるこの技術は、20世紀初頭に鉱物の単純な結晶構造を推定するのに初めて用いられた。20世紀の中ごろからは、タンパク質などの複雑な生体分子の原子構造もこの方法で解析できるようになり、分子レベルでの生体の働きの理解に役立った。1953年にはDNAの結晶構造の研究に利用され、生命をつかさどるこの生体分子があの有名な二重らせん構造であることが明らかにされた。

結晶は溶けて液体になると原子スケールの秩序を失う。繰り返しのある規則的な配列ではなくなるのだ。だが、一方向だけが溶けてほかの方向は秩序を維持する物質もある。とくに細長い棒状分子は、いわば川に浮かぶ丸太の筏のようにほぼ平行の配列を保ちつつ液体になることがある。これが液晶である。あるタイプの液晶は規則的に間隔を空けて並んだ分子が層になっていて、層の中では分子が人混みの中の人のように動きまわってぶつかり合う。液晶の分子が配向すると、偏光を散乱して特定のパターンを描く。そのパターンから液晶分子の秩序について推測できる。

平面充填の法則を破るには

結晶格子のパターンは、あるタイプの対称性を「禁じる」厳密なルールに支配されている。例えば文様群の17種のパターンでは、正方形、長方形、六角形、ひし形と同じ対称性をもつ図形が平面を充填できる。1/2回転（ひし形と長方形）、1/4回転、1/3回転、1/6回転させたときに見た目が変わらない図形である。だが、1/5回転ではだめだ。平面を隙間なく埋めつくせて5回対称性をもつような図形はない。6回対称よりも大きい対称図形（七角形、八角形など）も同じだ。このことは3次元の群にもあてはまる。5回対称の単位格子から3次元の規則的な構造体はつくれない。五角形には申し訳ないが、これが基礎幾何学の事実なのだ。

少なくとも30年前まではそう考えられていた。ところが1984年に、この「禁じられた」対称性をもつ結晶構造と見られる物質が見つかった。X線結晶構造解析による回析像が10回対称を示すアルミニウムとマンガンの合金を米国の研究者が発見したのである。この合金にX線を照射すると等間隔の10本の同心円が観測されるのだ。これは結晶格子が10回対称（ないし5回対称）だということで、幾何学の法則からすればありえない。一体どうしたというのだろう。

この物質が最初の「準結晶」である。それから数十年のうちに、周期的とされている結晶がある程度の秩序を保ちつつ、周期性のない5回対称（さらに8回対称、

1 成長する氷
冬の窓についたこのような氷晶は、樹枝状成長というプロセスで美しい枝の形に成長する。雪片の形をつくるのも同じ作用だ。

2 スターの資質
雪の結晶が6回対称なのは、六角リング状の水分子の形が、裸眼で見える大きさで現われたためである。成長中の条件次第で美しく繊細なパターンになる。

鉱物の世界
写真の亜鉛鉱（硫化亜鉛）の標本に見られるとおり、鉱物は原子レベルから幅広いスケールにわたって複雑な構造とパターンを形成する。

10回対称、12回対称）のパターンに原子を配列できることに科学者は気づいた。これらのパターンは一見すると五角形の格子のように見えるが、ときどきパターンが抜け落ちる。そのため回転させたり移動させたりするとぴったり重ならない。このように準結晶は完全な規則性はないにもかかわらず、X線の回折像に明るい点が生じる程度の秩序はある。そこで国際結晶学連合は結晶の定義をゆるめ、準結晶も結晶に含めることにしている。

現実の結晶は3次元だが、準結晶のパターンは2次元の埋めつくしで考えるのが理解しやすい。五角形で平面を隙間なく埋めつくすことはできないが、1970年代に数理物理学者のロジャー・ペンローズが2種類のひし形を使って隙間なく平面を埋める、5回対称性のあるパターンを発見した。例えば星形と十角形がパターンに現われているのだ。ペンローズタイルと呼ばれるこのパターンには周期性がなく、単純な配置のルールにしたがってつなげていけば無限に拡張できる。ひし形の各頂点に原子を置くと考えれば、準結晶の格子に非常によく似た配列になるのである。

幾何学の法則をねじ曲げるかのようなこのパターンは、イスラム世界では数百年前から知られ、複雑なパターンのモザイク模様が考案された。自然を表現するのに宗教上の制約があったこと、それとともにイスラムの哲

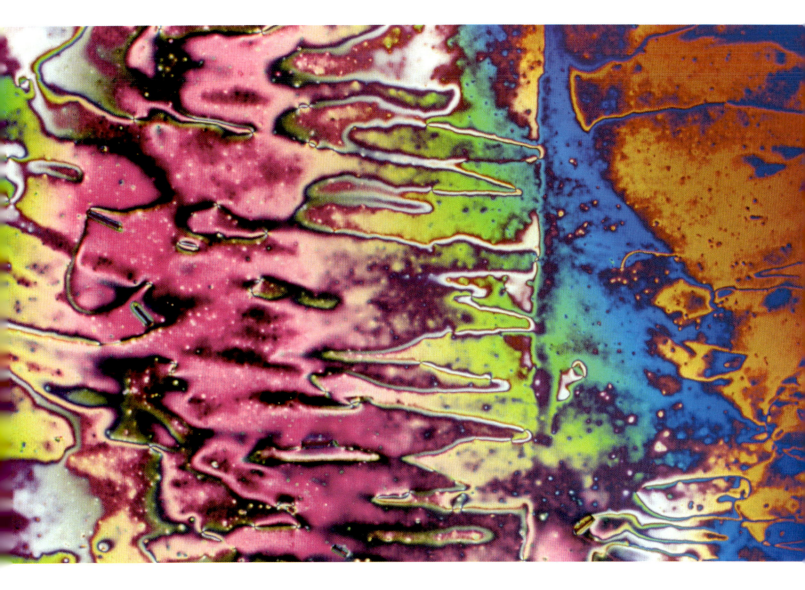

学者が数学に深い関心を寄せていたことから、芸術性の高い洗練されたパターンが発達し、宮殿や寺院などを飾っているのが今も見られる。イランのイスファハーンにある1453年建立のイマーム寺院には、ペンローズタイルにそっくりな文様がある。目がくらむようなその緻密なモザイクは非周期的だ。ペンローズタイルのルールに似たルール（同じではない）にしたがって、「ギリー」と呼ばれる幾何学模様を基本単位につくられている。

氷の花

結晶のパターン形成力の豊かさは雪の結晶によく現われている。ケプラーは結晶の形に規則性がある理由を推測したが、雪の結晶の場合はその規則性が万華鏡のごとく千変万化の美しさを見せ、六方対称の形がこれでもかというほど華やかに飾られる。原子と原子ががっちり結びついてごつごつした結晶格子になるのなら、なぜ氷の結晶はそんなにも精緻で美しい装飾品のような形になるのだろうか。

ひときわ豪華な雪の結晶がある。よく写真で見かけるシダの葉に似た美しい雪片だ。しかしそれらは、さほど対称性は高くない。また雪は気象条件（温度と湿度）のわずかな違いによって、もっと単純な六角板や六角柱になって降ることもある。いずれにせよ、雪の結晶の

液晶
この結晶は分子に一定方向の秩序がありながら、ほかの方向には秩序のない、液体のような状態にある。分子の配列によって偏光の角度を回転することができるため、偏光顕微鏡を通すとこのような色鮮やかな構造が見られる。

ケミカルガーデン

アイザック・ニュートンは、金属と鉱物に「植物の魂」があると信じていた。結晶というよりもまるで植物のような形に成長することがあるからだ。ニュートンが実験で成長させたものは、現在ではケミカルガーデンと呼ばれている。当時でいう砂の油、すなわちケイ酸ナトリウムかケイ酸カリウム（水ガラス）の溶液に金属塩が沈殿したものだ。金属塩は触手のような奇怪な形に成長し、シダの葉のように枝分かれする。金属塩と反応したシリカ（二酸化ケイ素）が水だけを透過する半透膜をつくり、金属塩がその膜を破って噴き出すというプロセスが繰り返されるからである。こうしてできたものは奇妙にも生命のあるものに似ている。SF映画を連想させる、こぶだらけのへんてこな根菜のようだ。

膜に閉じ込められた複雑な鉱物の構造は、深海の熱水噴出孔の周辺で原始的な生物が発生するのに一役買ったかもしれないと推測する科学者もいる。そこでは鉱物資源がたっぷり溶けた温かい水が地殻から噴出しているからである。

ハーバード大学の研究チームは、植物は植物でも花にそっくりなケミカルガーデンをつくった。二酸化炭素の水溶液の酸性度と濃度を調整しながら結晶を沈殿させることで、長く伸びていく結晶の先端にひらひらした円錐形のものを成長させた。顕微鏡で観察すると、まるで花かサンゴのようだ。ケミカルガーデンはまさにガーデンだった。結晶でさえ幾何学の鎖を逃れ、自由で生き生きした芸術性を見せてくれることがあるのだ。

多様さと複雑さは息を飲むほどだ。そして枝が先端までほかの枝をそっくりまねる理由は今でも謎なのである。

典型的な雪の結晶の枝は針状で、そこから60度の「六角形」の角度でさらに小さい枝が突き出している。なぜこのように枝分かれするのだろうか。なぜ6なのか。

雪の結晶の繊細な美しさにはどんな結晶もかなわないが、そのパターンは雪の結晶ばかりのものではない。急速に固まる金属融液もクリスマスツリーのように枝を出すことがある。この現象は樹枝状成長、もしくは「木」を意味するギリシア語の言葉からデンドライト成長と呼ばれる。これも成長不安定性の一例である。成長不安定性とは形やパターンが成長するときに何かの抑制がきかなくなって暴走することだ。第2章で見たとおり、ランダムに浮遊する粒子が凝集作用でくっついて、細長いフラクタル図形ができることがある。クラスターの表面にたまたまできた出っ張りは、出っ張っているがゆえに周囲よりも速く成長する。こうして表面のランダム性が急速に増幅し、クラスターは怪物のようなぐねぐねした蔓(つる)の形に広がっていくのである。

液体が凍るときの樹枝状成長も、これと似たことで起きる。この場合に出っ張りがまわりよりも速く成長するのは、出っ張りのほうが熱を放出しやすいために結晶化しやすいからである。しかし、それだけでは雪の結晶はただのギザギザなフラクタルになるだけだ。きれいな六角形になるのはなぜなのだろう。

それは氷の結晶構造そのものに成因がある。つまり水分子は原子が六角形のリング状に結合しているのである。このごく小さい六角格子上に不安定性が生じ、そのために枝の成長がばらつく。ほかよりも速く六角形の角度に成長する枝があるということだ。雪の結晶の精緻な複雑さは、ランダムな枝分かれと規則的な結晶格子とから生まれるのである。それはカオスの一歩手前で釣り合いつつ、大気の温度と湿度のわずかな変化に反応する。雪の結晶に二つと同じものがないように見えるのは、この敏感さのためである。一つの主題に無限の変奏曲があるのだ。自然の創造性を見せつけられているようではないか。

結晶の花

二酸化炭素の溶液の温度、酸性度、濃度を細かく調整することで、金属塩の溶液中に沈殿したバリウム塩とシリカが様々な花のような結晶になる。茎と花瓶とサンゴに似せて基本の形がつくられている。成長中に条件を変えることで、結晶をこのような形に導くことができるのだ。ここでは「植物」らしく見えるように、写真に着色してある。

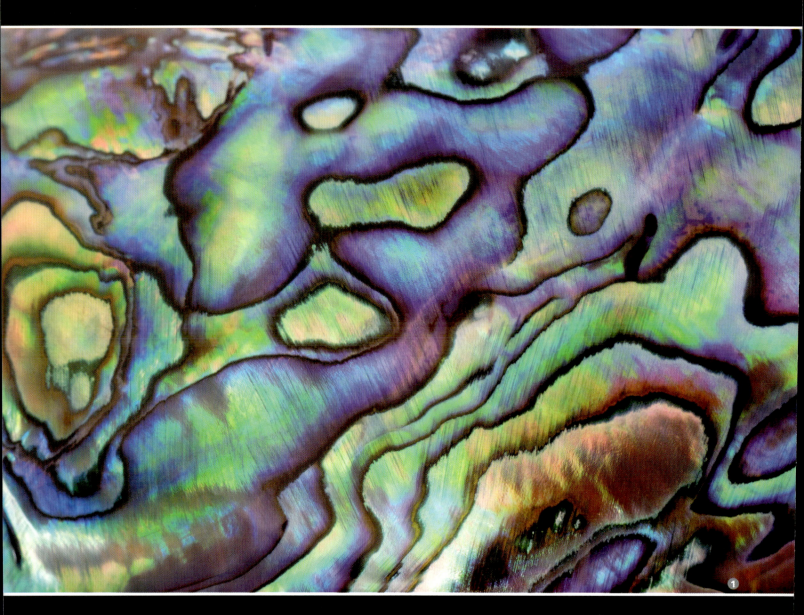

干渉

ニュージーランド産のパウア貝（1）と液晶（2）の複雑な層状結晶の色は光の干渉によるものだ。顕微鏡レベルの構造が光の干渉で明らかになる。貝の成長中の軟組織に沿って硬質な鉱物の階段状の構造が見えている。液晶の方は棒状分子が集まって一定方向に並んで

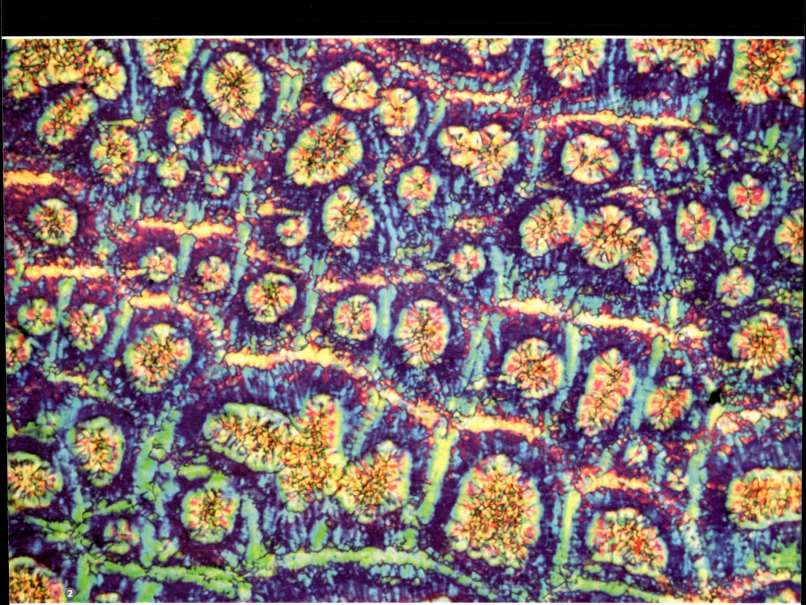

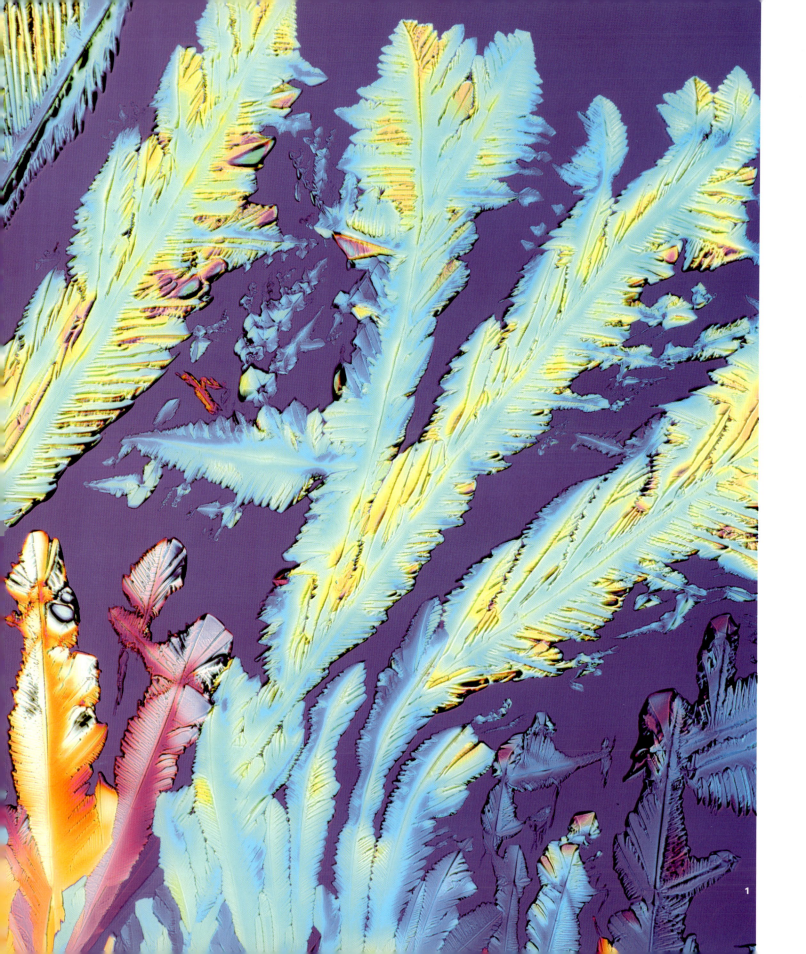

結晶の木

クエン酸マグネシウムの結晶（1）と氷の結晶（2）。結晶は樹枝状成長というプロセスで針状に成長し、横枝が順次小さくなりながら脇に伸びる。固化していく結晶表面にランダムにできた小さい出っ張りが細長く成長する。出っ張りの部分は周囲よりも熱を放出しやすいため、結晶化が起こりやすいからだ。これもランダム性がパターンを形成するフィードバック作用の一つである。この場合は結晶の原子構造の秩序により、ある程度の規則性がある。

氷のパターンをつくる
樹枝状成長による氷の緻密なパターンは偶然と必然の組み合わせだ。結晶は繰り返し枝を伸ばすが、固体表面の不純物や傷をきっかけに結晶化することもよくある。例えばガラス表面のほとんど見えない傷に沿って形成されることもあるだろう。

結晶の虹

ビタミンやアミノ酸といった有機化合物の結晶には、複屈折という性質がある。透過した光線が二つに分かれる現象である。偏光した光を結晶に当てると、光は二つに分かれ、干渉し合って特定の色に見える。結晶の形と構造がカラフルな色のおかげで際立つ。写真はクエン酸マグネシウム（1）、ビタミンC（2）、コレステロール（3）。

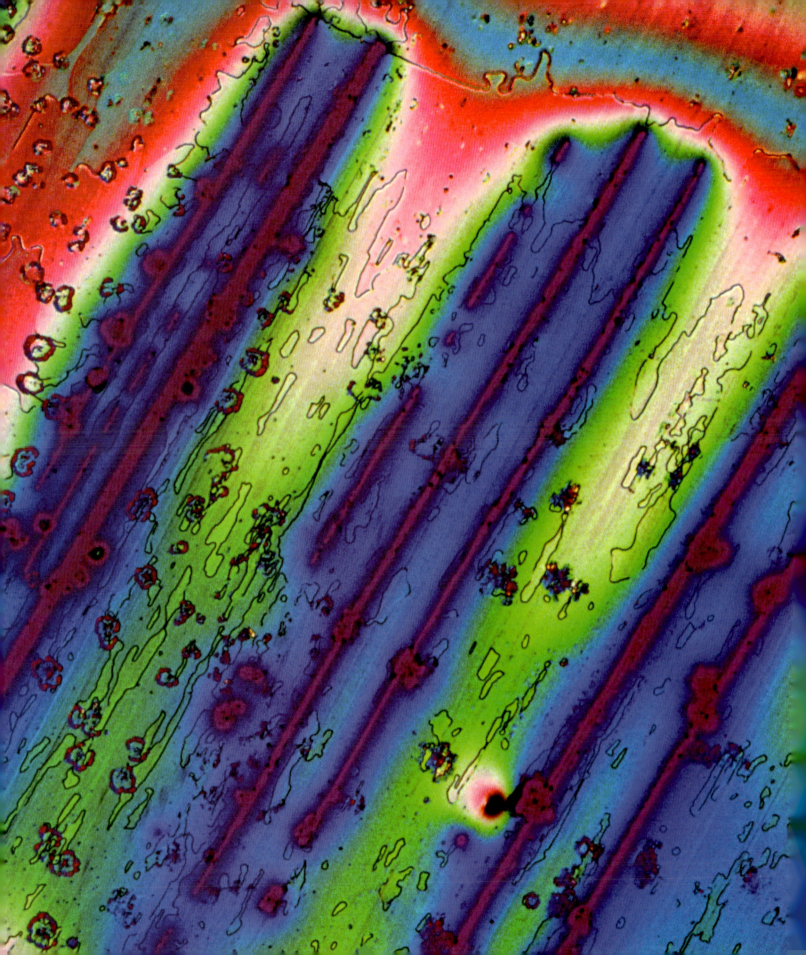

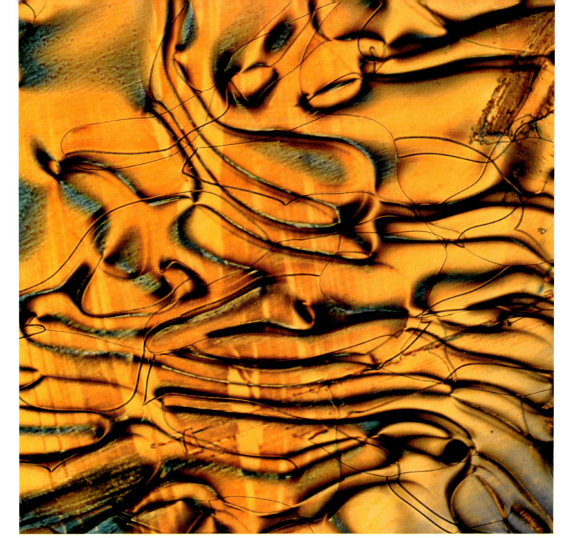

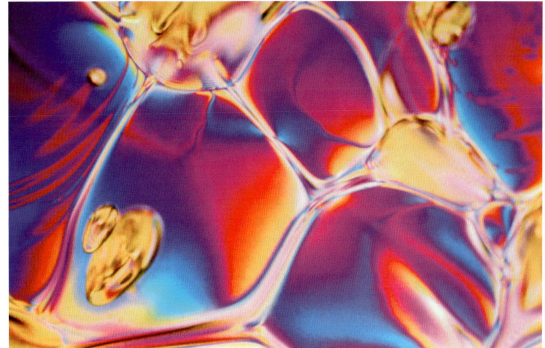

分子の出合い
偏光の干渉で明らかになる液晶の構造はすばらしく変化に富んでいる。こうした構造はいわゆる「格子欠陥」から生じる。格子欠陥とは分子配列に乱れがあることで、例えば並んだ分子が別々の方向を向いて界面を形成したり（髪の分け目のように）、分子が放射状に並んで（つむじ、あるいは地球磁場の極のように）特異点に収束する現象である。

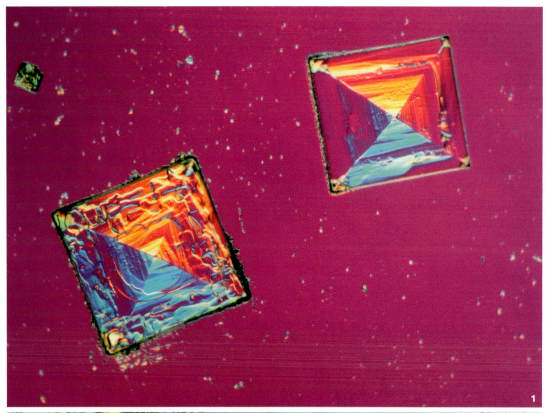
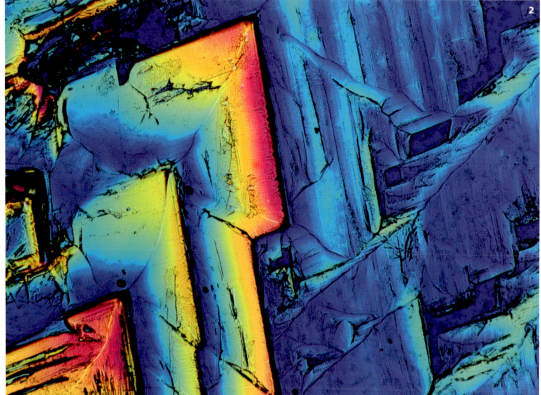

1, 2 多面体の結晶
結晶の形には、構成要素である原子あるいは分子の配列の対称性が反映されている。塩の結晶（1）が正方形なのは、塩化ナトリウムのイオンが立方体に配列しているからだ。硫酸マグネシウムの結晶（2）のひし形の断面も同様である。

3 構造の変化
硫酸銅の青い結晶が針のような白い結晶で飾られている。白い結晶も同じ硫酸銅なのだが、青い硫酸銅に含まれている水分子がない。この針状の形はより急速に成長して形を変える。

 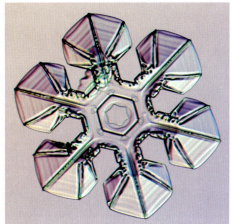 

六角形の枝分かれ

雪の結晶は六角形をモチーフに際限なく新しいデザインを創り出すかのようだ。枝分かれと六角形のメカニズムは現在ではよく理解されているが、まだ謎は残っている。氷晶はなぜ板状になるのか（大気の温度と湿度の条件が違えばほかの形もありうる）、なぜ枝がきちんと同じ形をしているのかはよくわかっていない。ただし、雪の結晶が必ずこのような完全な対称性をもつわけではない。

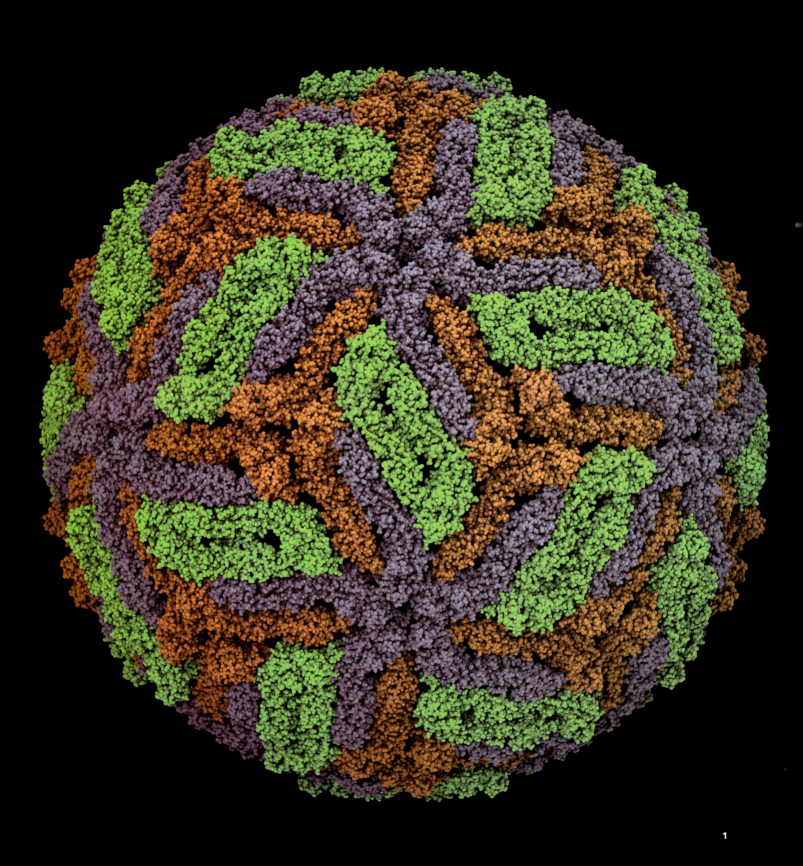

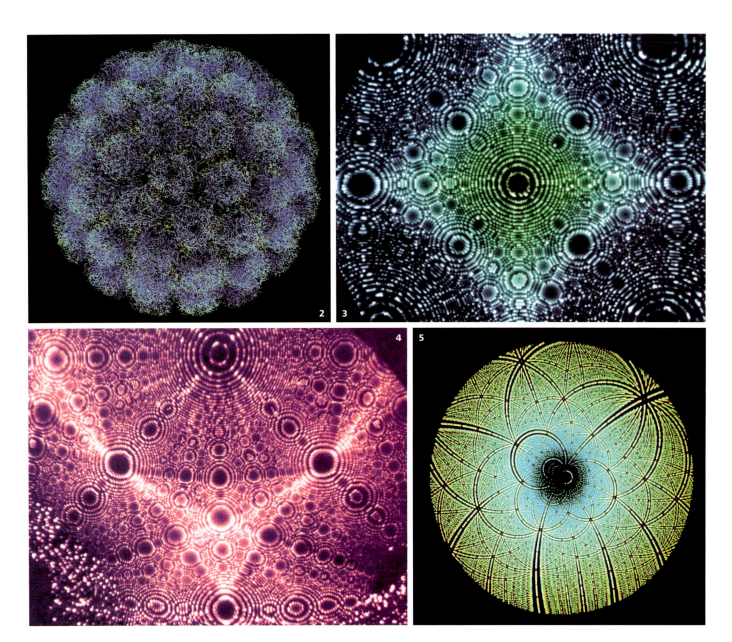

1, 2 ウイルスの対称性
生体にも分子レベルで結晶のような規則性をもつものがある。ウエストナイルウイルス（1）やシミアンウイルス40（2）といったウイルスは、特によい例だ。ウイルスはタンパク質分子が遺伝物質とともにカプシドと呼ばれる殻に包まれており、このカプシドが通常5回対称性を示す。

3, 4 秩序を見出す
電界放出型電子顕微鏡によって、結晶の原子レベルの秩序が初めて直接的に観察された。明るい点（ここではイリジウム［3］とプラチナ［4］に見られる）は先端表面の1個の原子に相当する。

5 X線が暴く
結晶の原子レベルの構造を解明するのに用いられる一般的な技術はX線結晶構造解析である。結晶の原子の層にはね返ったX線の干渉で現われる明るい点を写真用フィルムに記録し、そこから原子の位置を数学的に解析する。この技術は100年以上前に開発され、現在では酵素などの複雑な生体分子の構造も明らかにできるようになった。1953年にDNAの二重らせん構造が発見されたのもこの技術のおかげだ。

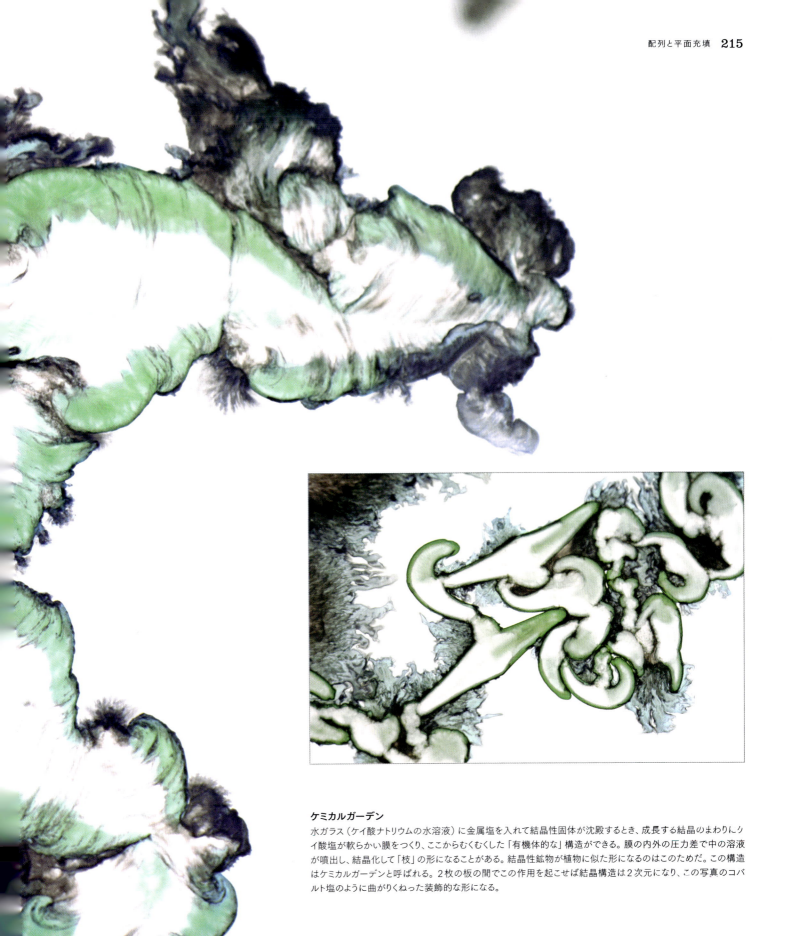

ケミカルガーデン
水ガラス（ケイ酸ナトリウムの水溶液）に金属塩を入れて結晶性固体が沈殿するとき、成長する結晶のまわりにケイ酸塩が軟らかい膜をつくり、ここからむくむくした「有機体的な」構造ができる。膜の内外の圧力差で中の溶液が噴出し、結晶化して「枝」の形になることがある。結晶性鉱物が植物に似た形になるのはこのためだ。この構造はケミカルガーデンと呼ばれる。2枚の板の間でこの作用を起こせば結晶構造は2次元になり、この写真のコバルト塩のように曲がりくねった装飾的な形になる。

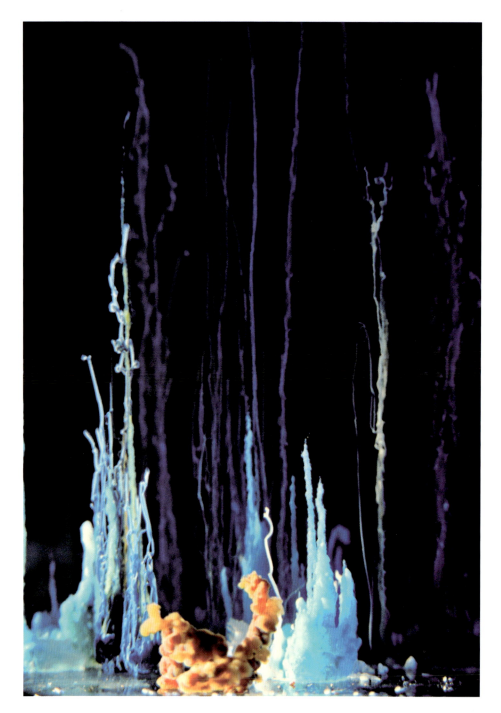

鉱物の糸
196ページで説明したケミカルガーデンの繊細な構造。色の異なる数種類の結晶塩が成長している（写真はその一部）。硝酸銅（水色）、塩化コバルト（青）、硫酸アンモニウム鉄（茶色）、硝酸マグネシウム（白）、硫酸第一鉄（緑）。

1-3
溶融塩が地下で冷えて鉱物が徐々に成長し、巨大な結晶ができることがある。写真はメキシコのナイカ鉱山で見つかったセレナイト（透石膏）の柱。

配列と平面充填 **219**

4 針の作品
炭酸カルシウムの鉱物であるアラレ石の結晶がフランスの洞窟でゆっくり成長した。このような結晶の形は原子とイオンの配列で決まる。これほど大きく完璧な結晶になるには長い時間がかかったに違いない。

8
亀裂
CRACKS

物はどうやって壊れ
巨人はどうやって階段をつくったのか

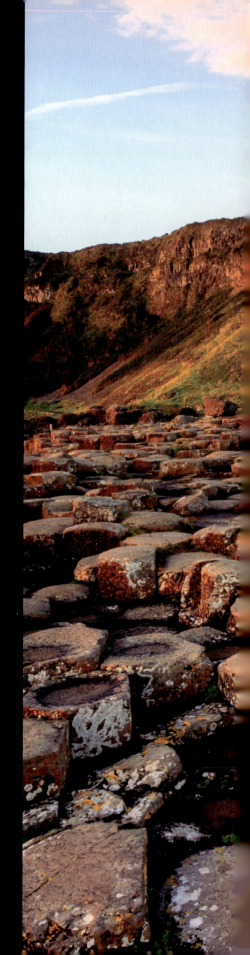

破壊や崩壊は、秩序や組織とは正反対のものに思える。ところが驚いたことに、破壊が様々なパターンを生み出す原動力になることもあるのだ。例えば亀裂は自然の乱雑さを物語るでたらめなギザギザ模様にしか思えない。ところがこの形は、あまりにも多くの場面で目にするので、これも自然の基本的な設計なのではないか、自然の法則が働いた結果なのではないかと思わされる。陶器やペンキのひび割れのような亀裂パターンも、泡やクモの巣や布地のしわなどと同様に心引かれるものがあり、私たちはそこに美を見出そうとする。ひび割れは嫌われものどころか、創造性の花が開く絶好の機会にもなるのである。

ドーン。空から稲妻が落ちる。バリバリッ。地震で地割れが走る。ガッシャーン。陶器の水差しが床の上で粉々になる。

これらの現象はみなよく似た形をつくる。枝分かれ、ギザギザ、ジグザグ、破片。偶然だろうか。もちろん違う。物体が壊れたり割れたりしてできる典型的な「破壊の形」は枝分かれする亀裂だ。先端が次々と分岐していき、ここにも自然のフラクタル形ができる。このパターンは舗道の敷石の亀裂ばかりでなく、河川の形にも見られる。河川網は水の流れが地表を侵食して形成していく、「ゆっくりできる亀裂」だといえる。

滔々と流れる水の道は地面を裂き、山を削り、文明を育み、その複雑さで私たちを驚かせる。河川の形が人間の体に血液をめぐらせる血管網に似ていることは、数百年前から気づかれていた。古代中国でもルネサンス期のヨーロッパでも、川は「地球の血」という考え方があった。これは科学の未発達だった時代の、表面ばかりにとらわれた誤った例えなどではない。見た目がよく似ているのが偶然の一致でないことは、現代科学によって証明されている。

動きから生まれる

河川の枝分かれのパターンも、高く打ち上げられて芝生に落ちるゴルフボールの放物線も、ほぼ同じ方法で説明することができる。しかし、山の斜面を蛇行して流れる水の経路と、何もない空間を美しく弧を描いて飛ぶボールの軌跡に、共通点などあるのだろうか。

どちらも動いていて、重力が作用している。ゴルフボールの方は、ボールの速度および加速度をボールに働く力と関連づけるニュートン力学で説明できる。ニュートンの方程式を解けば、放物線を予測できる。しかし、河川網の方はそうはいかない。

だが、計算の仕方はもう一つある。作用量と呼ばれる量で考えることだ。作用量はボールの動きをエネルギーで計算する。ボールが空高くにあることによる重力エネルギーと、ボールの動きによる運動エネルギーである。ボールの軌跡を推測するには、この作用量が最小になる軌道を見つければよい。作用量とは、大ざっぱに「労力」のようなものだと考えよう。店まで行くにはどの道を通るのがよいだろうか。労力が最も少ない（と思われる）コースだ。では、ボールはどの軌道をとるだろうか。作用量の最も少ない軌道である。

落下するボールの放物線が「最小作用量の法則」で決定されるのと同じように、山を下る水の経路を決定する「最少なんとかの法則」がある。その「なんとか」とは、初めに斜面の高いところにある水がもっている重力エネルギーが徐々に消費されて、失われる率である。

大地が動く
地割れはたいていギザギザ
していて、フラクタルの特徴を
もつものもある。だが、方向
性もある。ここでも偶然と必
然の均衡といういつもの力
が働いている。

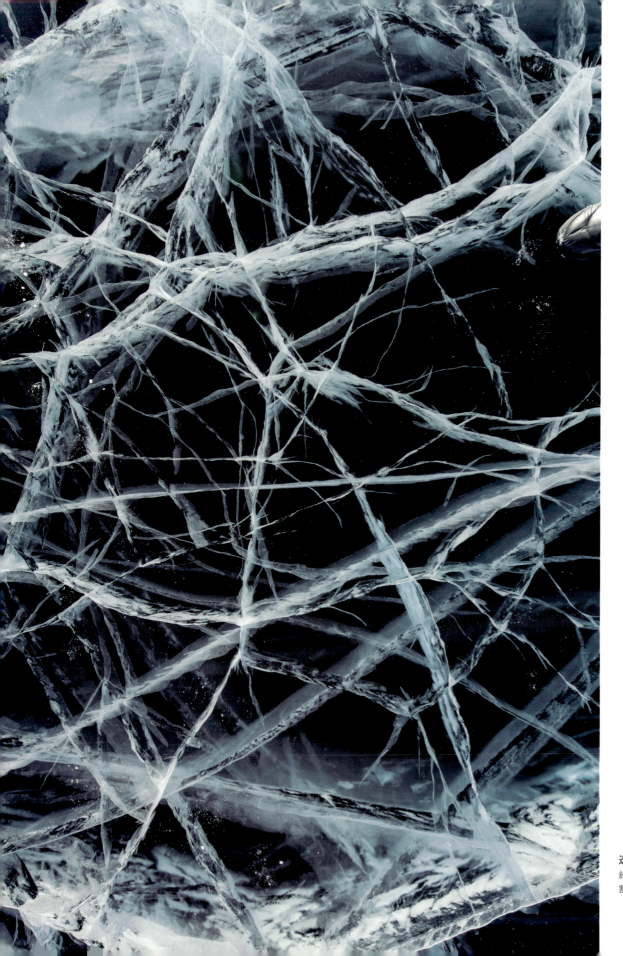

透き通った結晶
絹糸のレースのような氷のひび割れ。

海岸の侵食
水（波）による侵食がフラクタル構造をもつ不規則で複雑な海岸線をつくる。

この法則を使って流水の経路を求めると、フラクタルな河川網によく似たものになる。

しかし、水はエネルギーの損失量が最小になる形をどうやって知るのだろうか。もちろん知るはずがない。ランダムに出っ張りのある表面に水が落ちて勾配の最も大きいところを流れていき、なおかつこの流れが充分に速ければ土手を侵食して土を運ぶ。そうすると流れは自発的に「最小構造」になる。流れの局所的な振る舞いを決める単純なローカルルールがあれば、全体の構造はおのずと決まってくるのである。それが揚子江であり、アマゾン川であり、ライン川なのだ。河川流域を空から見たときのあの特徴的な枝分かれ構造になるばかりでなく、殺風景で退屈な山野がそびえる峰と切り立つ断崖、深くえぐられた谷で飾られた雄大な風景になる。それはたった一つの生成の原則から生まれるのである。

先端で

川が山を侵食するのと海が海岸線を侵食するのとに、大きい違いはない。どちらも水の運動エネルギーが岩石をたたき割って小さい粒子に砕き、運び去って固有の地形を残す。また均一だった地形が、ランダム性とフィードバック作用によって、穴だらけのフラクタルな景観に変わるのも同じである。

海岸線はフラクタルの立役者だ。ベノア・マンデルブロが自己相似性の概念を思いついたのは海岸線について考えたからだった。海岸線は小さい部分を見ても大きい部分と同じ複雑な形が繰り返されている。だが、海岸線がどうしてその形になるか納得のいく理論が練り上げられたのは、かなり最近になってからのことだ。

ランダムな形の海岸線を思い浮かべてほしい（ランダムな形というのがフラクタルと同じでないことに注意）。

デスバレー、米国
干上がった湖の底の泥は、シルト粒子の間から水が引いていくにつれて乾いて収縮し、応力が増大してひび割れる。このパターンには秩序と無秩序が均衡して共存している。ひび割れはギザギザだが、地表が割れてできた島は大きさがほぼ揃い、形もだいたい多角形になる。収縮する物質の応力を効率よく解放するのがこのパターンだ。

　場所によって岩石の種類が違い、したがって侵食耐性も異なる。岩石がゆっくり水に削られて、侵食は間断なく進む。また、嵐になれば短時間で一気に侵食が進む。

　このような条件の下で、海岸線の形はどのようになっていくだろうか。ランダムに始まったプロセスは、いっそう不規則になってフラクタル図形ができていく。初めはわずかに削りとられていたところが大きくえぐられて湾になる一方、少し出っ張っていたところがさらに突出して岬になる。侵食作用の程度はその部分の岩石の強度にもよるし、その岩石がどれだけ長く波にさらされていたかにもよる。複雑な相互作用によって、陸地の先端には島と入り江と半島のある典型的な海岸の形が現われる。

　このような侵食による地形形成は、数百年、数千年にわたるプロセスである。粉々に割れる窓ガラスや物憂げな夏の空を切り裂く稲妻など、一瞬にして起こる破壊と共通するものはあるだろうか。一目瞭然とはいかないが、パターンを見るかぎり似ているようだ。稲妻も河川網と同じように分岐し、フラクタル形ではないか。

　高電圧に貫かれて物質が裂けることを絶縁破壊という。そのときの亀裂のパターンは、原因となった一瞬の火花を保存したような形をしていて、最初にこの種の破壊を研究したドイツの科学者の名からリヒテンベルク図形と呼ばれている。透明なプラスチックの板に電子線を照射して帯電させ、アースで1点から放電させることで意図的にこの図形をつくることができる。こうしてできた絶縁破壊痕は、裸の木か奇妙な海藻か何かのように四方に枝を伸ばしている。まさに稲妻と亀裂の融合だ。電気が割り裂いた物質にフラクタルな破壊が美しく記録される。さて、これをどのように説明できるだろうか。

　電荷を板の真ん中にそそいだと想像してほしい。荷電粒子は反発し合ってふちの方へ流れ出そうとする。そのとき電流はどんな経路をたどるだろうか。

　山の斜面を流れる水と同様に、電気も勾配の最も大きいところを探して流れようとする。正確にいえば、放電の先端（界面）は、最も電場の強いところで前進する。電場の強い場所は放電の界面が最も尖っているところだ。つまり出っ張ったところ、先端である。だから建物の屋上に設置した避雷針は尖った棒状をしている。わざとそこで放電させてしまおうというわけだ。

　このように電流は先端で前進するが、ランダム性のために経路が複雑になる。電場の偶然のわずかな変化や物質の構造の変化で新しい出っ張りができ、そこから突然に新しい先端ができる。こうして先端は進みながら分裂し、木のような枝分かれの形になるのである。稲妻は大気の条件によって経路を変えながら細かく分岐して、息を飲むような壮観な電気の川をつくる。

　この説明に少し手を加えれば亀裂を説明することもできる。電流の経路ではなく、素材が破壊されて開かれる経路を考えるのだ。ここでも破壊は亀裂の先端で起こりやすい。この場合は応力が先端で最大になるからだ。そして素材の強度とか、小さい傷やひびといったランダムな要素が先端の分裂と分岐を誘発する。

奇天烈な舗装

　湖が干上がったり、牧草地が乾ききったりすると土の粒子の間から水分が蒸発して地面が収縮する。乾燥した表面の層の下はまだ湿っていて水分で膨張しているため表面には張力がかかる。そこで地表はひび割れるが、1本の枝分かれした亀裂が走るのではなく、いくつものひびが交差して地面が小さな島に分割される。

　このようなひび割れは意外にも美しい。旱魃と聞いて真っ先に思い浮かぶひび割れのパターンは、絶縁破壊や河川の侵食でできる網目状のフラクタル形とはずいぶん違う。ひび割れの島はたいてい直線に囲まれた多角形になるが、辺が曲がったり不規則になっていたりすることもある。亀裂は普通、60度から90度の比較的大きい角度で、すっと交わっている。このパターンは、いろいろなところで見られる。干上がった湖ばかりでなく、楽焼のような釉薬をかけた焼き物やペンキの剥離にも見られる。いずれの場合もひびをつくる力は同じだ。例えば陶器では、付着した釉薬が冷えて収縮するときにひび割れる。そのひびに味があるので、貫入といって、わざと入れることもある。

巨人の仕事
スコットランドのスタッファ島にあるフィンガルの洞窟では、冷えて固まった玄武岩の層を網目状の亀裂が縦に貫通し、非常に規則的かつ幾何学的な形状になっている。石柱は断面がほぼ六角形の六角柱である。

何がこの芸術的な図形を決定するのだろうか。ここでも最小化ルールが支配しているようだ。亀裂は収縮する層の応力をできるだけ効率的に解放するような経路をとる。釉薬の場合は、ひび割れが直角に交差するときに応力が最も効率的に解放される。ひび割れはそうなるべくして網目状に形成され、位置が決められる。だから亀裂が別の亀裂に近づくとき、経路を曲げてでも直角に交わろうとする。

応力を解放する網目状の亀裂は、目を奪われるような自然の断裂パターンを生む。スコットランド海岸沖のフィンガルの洞窟、北アイルランドのジャイアンツ・コーズウェイ、米国カリフォルニアのデビルズ・ポストパイル。自然にできたにしてはあまりにも規則的かつ幾何学的なこれらの奇観は、何世紀もの間、人々を不思議がらせてきた。見事な完成度の六角形のハチの巣と同様、まさに神の御業を目にしているのだ、超自然現象に違いないと昔の科学者や博物学者が思ったとしても無理はない。フィンガルの洞窟はアイルランド伝説の巨人フィン・マックールがスコットランドからアイルランドへと海を渡る道として、アイリッシュ海北部のノース海峡に築いたものだと伝えられる。フィンはこれを渡って敵対するスコットランドの巨人ベナンドナーとの戦いに赴いた。橋は北アイルランドのアントリム州から掛けられた。今日、荒涼としたその海岸に残るのがジャイアンツ・コーズウェイである。

この地形は6000万年前に地表に押し寄せた玄武岩質溶岩が固まって形成された。溶岩が冷却して収

> "応力を解放する網目状の亀裂は、目を奪われるような自然の断裂パターンを生む"

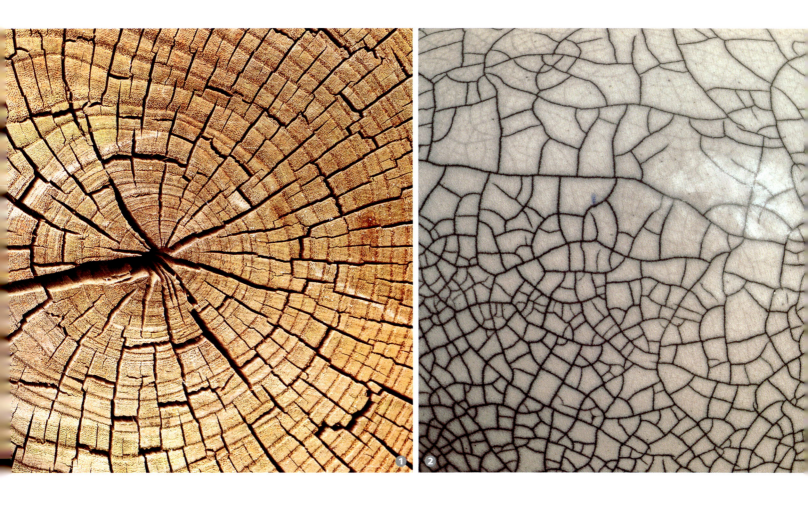

縮するときの応力だけで、なぜこれほど規則的な亀裂ができたのか。その謎が長い間、科学者を悩ませた。

ここでの鍵は、自然は時間をかけて亀裂の配置を調整し、だんだんと「最適な」(かつ秩序ある)答えを見出していったということだ。亀裂はまず、冷えていく岩石の表面に現われる。熱が一気に放散し、溶けた物質が固まりだすのがそこだからである。初めのうち、固体層に蓄積した応力はランダムな場所に発生した亀裂によって解放されるので、網目状のひび割れはでたらめに見える。しかし地表の亀裂が、固化しつつある下部の溶岩に広がっていくにつれて、より効率的に応力を解放するように網目が整っていく。そうなるのは3本の亀裂がほぼ等しい角度で交わったときだ。交点の角度は約120度、ハチの巣形の網目の特徴である。

これは壺の表面の釉薬や、湖底の泥の薄い層とは違う。いまや亀裂は表面の層に水平に広がるだけでなく、冷えて固まった物質の厚い層を垂直に進行してもいる。しかも釉薬の場合とは違い、先にできた長くなめらかな亀裂に制約されることはない。こうしたことから、六角形の120度の交点の方が、貫入の直角の交点よりも優先される。収縮による応力を最も効率よく解放するという点は同じだが、解決方法が違うのだ。

網目状の亀裂はどんどん下へ伸びていくにつれてきれいなハチの巣パターンに近づいていく。ただし完全な形には到達しない(ジャイアンツ・コーズウェイの石柱は多くがかなり不規則な六角柱で、五角柱や七角柱もある)。自然がつくるパターンにはきっとどこかにちょっとした乱雑さがあるからだ。それでもその整然と並ぶ岩の柱は充分に私たちを驚かせる。岩層の最上層は規則性にほど遠かったが、とっくの昔に侵食で削り取られたのだろう。現在残っているのは、自然がもつ自己組織化の力の驚くべき記念碑なのである。

1 木のひび割れ
枯れた古木のひび割れは乾燥して縮むときの応力で中心から放射状にできるが、木の組織が比較的弱い年輪のところで横にも亀裂が入る。

2 釉薬をかける
陶器の網目状のひびも、冷えて縮む釉薬の薄い層に応力が生じるためにできる。まずゆるやかに曲がった亀裂が長く伸び、その隙間を直角に交わる細かい亀裂が分割して多角形の島ができる。

1, 2 **見慣れた分岐**
河川網がある種の「破壊」のパターン、
つまり亀裂のパターンだという考え方は、

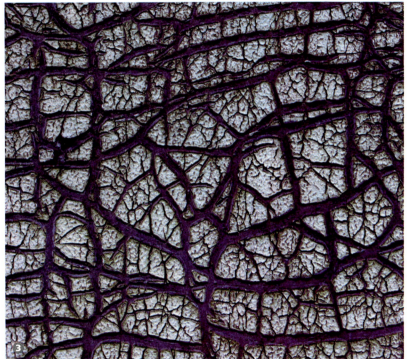

1 溶岩の亀裂
溶岩の表面に網目状の亀裂が生じた。ジャイアンツ・コーズウェイの最初の状態はこのようだっただろう。この写真の溶岩層は形も大きさもまだ揃っていないが、ジャイアンツ・コーズウェイではこのような亀裂が深く進行していくにつれてしだいに整い、規則的な多角形になったと考えられる。そのあと不揃いな最上層が長い年月のうちに侵食で削り取られた。

2, 3 剥がれ落ちるペンキ
ペンキが乾ききると、塗料の粒子同士がぎゅっと近づいて塗膜がひび割れる。冷えていくときの陶器の釉薬もこれと同じで、できるパターンもよく似ている。

分岐する稲妻
稲妻が分岐するのも、また別の成長不安定性のためである。雷雲と地面の間の空気中を電荷が通るとき、その先端のランダムな小さい出っ張りが急速に増幅して新しい枝になる。その部分は電場勾配（単位長さ当たりの電場の強さの差）が大きく、電気が流れやすいからだ。不安定性から生じる多くの分岐パターンと同じく、稲妻の枝分かれもフラクタル構造である。

亀裂 235

割れる地殻
亀裂は地勢を変えるようなスケールでも起こる。地震地帯では地殻変動によって固い岩盤に応力が蓄積し、数キロメートルにわたって地殻に亀裂が走る。米国カリフォルニア州のサンアンドレアス断層（写真）のような断層は直線的で分岐がない。断層とは地殻の深くまで伸びた亀裂のことだ。

河川網
分岐する水系は脆性物質の亀裂よりも多様で曲がりくねった形をしている。侵食と堆積（この二つの作用で川が蛇行する）など、同時に働く作用がいくつもあるからだ。また、その場所の岩石の強度と化学組成によっても形が決定される。

亀裂 239

亀裂 241

デビルズ・ポストパイル、米国
ジャイアンツ・コーズウェイのような角柱状の亀裂はめずらしいが、地球上にはほかにもある。この写真は米国カリフォルニア州のデビルズ・ポストパイル。

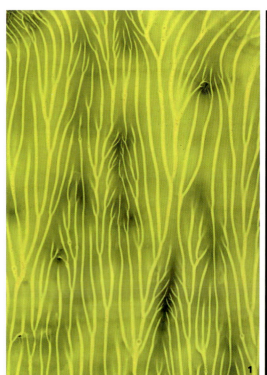 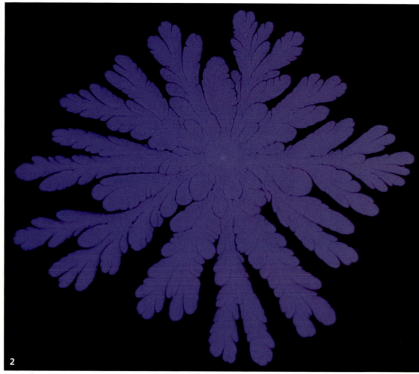

1, 2 ビスカスフィンガリング

この現象は粘性の低い流体（空気など）が圧力に押されるか引っ張られるかして、粘度のより高い流体の中に入り込んでいくものだ。この現象が起こるとき、二つの流体の界面に成長不安定性が影響して先端が分岐する。侵入する側の流体は出っ張った部分で圧力がより大きいため、細い指状になって前進するのである。2枚の板の間に入れた粘性の高い流体（接着剤やペンキ）が、板を引き離して空気を吸い入れようとする力で断裂するときにもこのパターンができる。こうしてできた細かい網目模様は、河川網にやや似ている（1）。先端を指状にする不安定性が表面張力で弱められる場合もある。表面張力は先端をなめらかで太くしようとするからだ。このときパターンはもっと太い枝になる（2）。

3 沈む水煙

低粘性の流体の中を沈んでいく高粘性流体は指状に分岐し、それを繰り返してさかさまの木の形になる。これもビスカスフィンガリングである。冷たい海水がその下の温かい海水の中を、あるいは塩分濃度の高い海水が濃度の低い海水の中を沈んでいくときに起こる。

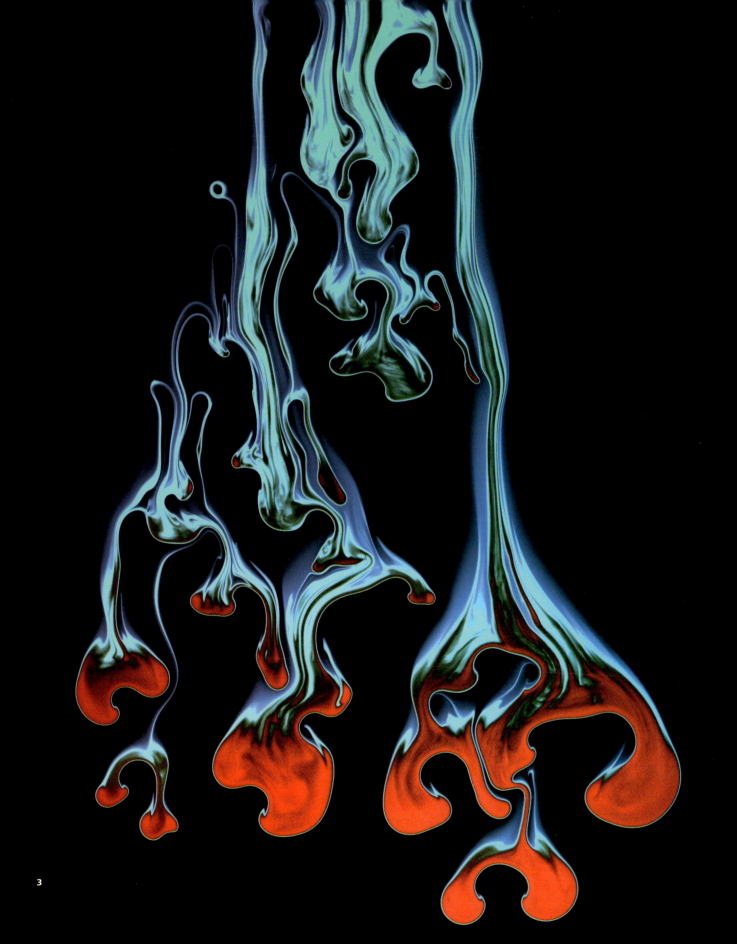

亀裂 245

リヒテンベルク図形
透明な物質の塊に放電すると、稲妻に似た亀裂が残る。静電気で亀裂の表面に破片やほこりがくっついて構造をよく見えるようにしてくれることもある。このパターンは、最初にこの現象を研究した18世紀のドイツの科学者の名から、リヒテンベルク図形と呼ばれている。

9 斑点と縞
SPOTS & STRIPES

シマウマはどうやって体に模様を描くのか

英国の作家ラドヤード・キプリングは『ゾウの鼻が長いわけ』で、ヒョウに斑点があり、シマウマに縞があるわけを書いている。たくましい想像力の賜物だが、当時の科学者の説明も五十歩百歩だった。動物に模様があるのはなぜなのかを、例えばカムフラージュのためだと説明しても、ではその模様をどうやって獲得するのかという問いに答えたことにはならない。現在広く認められている説明は、多くの自然現象と同じく自己組織化によってできるとするものである。ほかにも浜に残る砂のさざ波模様や昆虫の巣の形にも類似性が見出される。要するに、たとえ生物の特性からの説明が自然選択説とつじつまが合ったとしても、それをもち出さずとも数学で説明できるのである。

動物は模様を描くことにかけては達人だが、どうやら流行というものがあるらしい。シマウマの縞はほかでもよく使われている。すぐに思い浮かぶのはミノカサゴやエンゼルフィッシュ、トラ、アンテロープ、それにカエルやイモムシなどだろう。縞と人気を二分するのが斑点で、こちらにはヒョウ、マダラトビエイ、テントウムシ、アカホシヒキガエルなどがいる。チョウにいたってはとどまるところを知らないようだ。目がくらむような美しい模様を果てしなく披露してくれる。

生物の体の模様が何のためにあるのかを明確にするのはやさしくない。生物学者と動物学者の間で有力視されている説は、「わざわざ模様ができるように生物が進化したのなら、模様があることで何かが有利になるはずだ」というものである。手短にいえば、これはダーウィンの進化論でいう適応であり、生存と生殖で有利になるということだ。例えば模様は捕食者の目を欺き、攻撃を思いとどまらせる警告になるだろう。あるいは同種の生物が互いを認識したり、交尾相手の気を引いたりするのに役立つかもしれない。

確かにほどんどの模様にはこのような適応上の役割がありそうに思えるが、その役割がどんなものかは明らかになっているとはいえない。進化論で「説明」するのは安直にすぎるだろう。確固たる証拠はないのだ。

シマウマのことを考えてみよう。なるほど、あの縞模様は林や森で姿を目立たなくするのに役立ちそうだが、シマウマは森や茂みの中で暮らしているわけではなく、1日の大半を開けた草原ですごす。しかももし縞がライオンなどの捕食動物から身を隠すのに役立っているなら、捕食される動物がみな縞模様でないのはなぜだろう。シマウマの縞はカムフラージュのためのものではなく、虫やハエを寄せつけないとか、体温を調節するといった点で役に立っているとも考えられる。ヒョウの斑点も同じだ。ヒョウが生息する環境にはほかにもぶちやまだらの動物がいるが、そうでないものもいるのである。

ふりむいて!
動物の模様には様々な目的がある。身を隠すためのものもあれば、逆にこのクジャクの羽のように目立つためのものもある。クジャクの尾羽の目玉に似た斑点は求愛のディスプレイにもなる。派手な飾り羽で交尾相手の気を引くのだ。

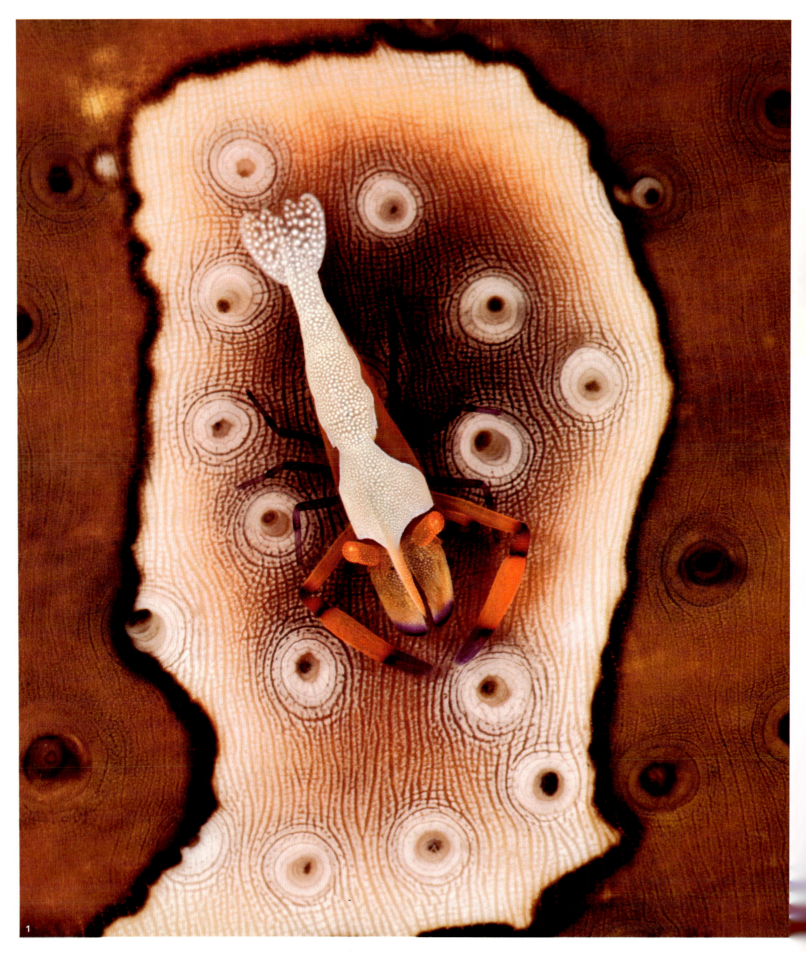

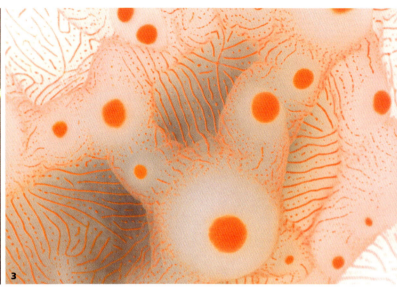

1 デザインの饗宴
ジャノメナマコに乗っかっているウミウシカクレエビ。

2 コントラストの妙
南米原産のアカメアマガエル。ペンキが流れたような腹部の模様を緑色の四肢で隠せば、葉の色と見分けがつきにくくなる。

3 壊れていく模様
ウミウシの縞模様の間にある斑点は、水がはね散るかのように壊れていく。

さらにいえば、仮に皮膚や毛皮や鱗の模様に進化上有利な働きがあったとしても、それだけでは模様はどのようにしてできるのかという問いの答えとしては充分ではない。シマウマは胚の時期に色素細胞をどことどこに配置してその部分の毛を黒くするという情報をどうやって体に刻みつけるのだろう。半世紀前まではまったくわかっていなかった。だが、今ではわかっている。縞も斑点も巧妙な化学作用でできるのである。

パターンの破れ

生物の模様がどのようにできるかについて、最初に原理を提案したのは英国の数学者アラン・チューリングである。チューリングといえば、プログラム内蔵式コンピューターの概念を創案した科学者として知られている。また、第2次世界大戦中にブレッチリーパークの政府暗号学校で暗号解読に携わったことは、彼の生涯を描いた2014年の映画『イミテーション・ゲーム』で有名になった。しかしチューリングの探究心の向く先は多岐にわたり、1952年に単純な球形の受精卵から胚がどのように発達して臓器と肢を備えた模様のある体になっていくかを理論づけた。そしてこの疑問から多方面にあてはまるパターン形成プロセスを発見した。

細胞の集まった球形の胚では細胞の液体の中を生化学的な物質が動きまわり、それが互いに反応して遺伝子のスイッチを入れたり切ったりして個々の細胞の発達を制御するとチューリングは考えた。このような化学物質の水溶液は、どのように均一性を失って濃度のむらを生じるのだろうか。

その鍵はフィードバック作用にある。チューリングはこう考えた。もしなんらかの化学反応で生じる物質が、その化学反応の速度を速めるとしたらどうだろう。つまり自己触媒作用があるとしたら。この作用は反応の暴走につながる。成分の濃度にたまたま揺らぎがあると、それはどこまでも増幅して、化学物質の混合物に自発的にむらをつくる。自己触媒物質は混合液を覆いつくすまで増殖する。だが、チューリングの化学物質の水溶液には、彼がモルフォゲン（「形をつくるもの」）と呼んだ成分が2種類含まれている。今日、その一つは触媒として自らの生成を促すので活性因子と呼ばれ、もう一つは活性因子の自己増幅を抑えるので抑制因子と呼ばれている。二つの成分の分子は水に落としたインクのように混合物の中に拡散するが、チューリングの理論では抑制因子のほうが活性因子よりも広がりが速い。

この活性抑制因子系を方程式で表わしてそれを解いたとき、チューリングは抑制因子の働きで島状に封じ込められた活性因子がランダムに散らばって成長することを発見した。それは動物の斑点に似ていた。後年、

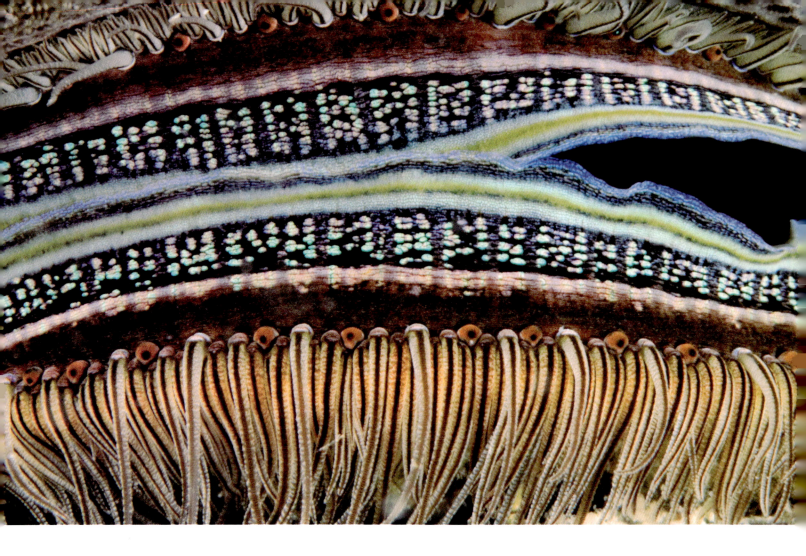

整列する層
ウミギグガイモドキの外套膜と単眼の列のクローズアップ。生物の世界の秩序が緻密さと多様さに富んでいることを印象づける。

チューリングの方程式がコンピューターで解かれ、おおよそ2種類のパターンが生成されることが明らかになった。それが点と縞である。ほぼ同じ大きさの点ないし縞が等間隔に並ぶ規則的なパターンだった。現在、チューリングの化学反応のパターンは化学波を生じさせる反応拡散系（第5章参照）の変種であることがわかっている。ただしこの化学波の「波」はその場所で「固まっている」。動かないのだ。

チューリングの理論はヒョウの斑点やシマウマの縞といった生物の模様がどのようにできるのかを非常にうまく説明している。動物が子宮で成長している間に皮膚にモルフォゲンが生成され、それが細胞間を漂いつつ活性因子と抑制因子のように振る舞うのである。活性因子の多い場所ではそれが遺伝的スイッチとして色素生産をスタートさせ、胚に色がついて模様になる。模様は動物が成長するにつれて広がる。

フランスの研究者が化学物質の混合物を使ってチューリングのパターンを生成する実験にようやく成功したのは1990年のことである。今日、いろいろな化学物質の組み合わせで斑点と縞の様々なバリエーションがつくられている。結晶のように規則的なものもあれば、ぐちゃぐちゃなものもある。活性因子と抑制因子の配分や濃度に気をつければ、千姿万態の模様がつくれる。

動物たちの話

1980年代以降、研究者らはチューリングの理論をもとにした「色素沈着による生化学的なパターン形成の数理モデル」が、どのように自然界の動物に見られる多様な模様をつくるのかを示してきた。シマウマのような縞は簡単につくれるが、多くの模様はもっと複雑だ。例えばヒョウの斑点は、指紋のようだといえるかもしれ

途切れた縞
モルディブ諸島のイソギンチャクの触手。

ない。一つの黒いぶちではなく、四つか五つくらいの黒い斑点が茶色い斑点を花びらのように囲んでいる。ジャガーの斑点はもっと複雑で、黒い斑点の輪の中にもいくつか黒い点がある。また、キリンは斑点というよりも、乾いた泥のひび割れに似ている。

こうした模様はチューリングの活性抑制因子系に少し手を加えれば生成できるが、三つ以上の成分が必要な場合もある。さらに模様が体の形に左右されることも数理モデルで説明できる。例えばネコ科動物の大きい斑点は、先細になった尾では縞模様のようになるだろう。テントウムシの模様が点になるか縞になるかは体の大きさで違ってくる。おそらくドーム型の鞘翅がどれだけカーブしているかによるのだろう。また、エンゼルフィッシュは成長にともなってジッパーを開けたように新しい縞が増えるが、これも数理モデルで再現できる。

チューリングの論文を読んだ著名な生物学者のコンラッド・ワディントンによれば、チューリングはこの化学反応の理論でチョウの羽の模様を説明できるかもしれないと示唆しているという。チョウの模様には点も縞も山形模様もあるので、確かに説明できそうだ。ただしこの場合のプロセスはもっと複雑で、モルフォゲンのように振る舞う生化学物質の拡散と翅脈の構造そのもの、さらに成長を支配する複雑な遺伝的メカニズムとの微妙な相互作用がかかわっているらしい。

要するに厳密にはチューリングのパターンではないのだが、関連はあるといってよいだろう。考え方としてはこういうことだ。つまりチョウの羽にはモルフォゲンの様々な「供給源」と「排出口」がある。モルフォゲンが生成される場所と破壊される場所のことで、最終的には「模様生成の遺伝子」に支配される。この供給源と排出口がどう配列しているかで、チョウの羽に共通するすべてのパターン要素を数理モデルでまねることができる。

これらはみな、生物の模様のでき方についてチューリングの理論が正しい方向を指していることを示しているが、正しいと断言できるまでにはいたらない。理論の正しさを証明するには、パターン生成のモルフォゲンとして振る舞う実際の生化学物質を突き止める必要があるが、それをなしとげた者はまだいない。それでも生物の模様が同様の活性抑制因子系からつくられることを示す有望な証拠がほかにもある。例えばマウスの等間隔に並んだ毛包（もうほう）（おそらく人間の毛包も）、鳥の羽根の平行な羽枝、哺乳類の口蓋（こうがい）の正中縫線（せいちゅうほうせん）、哺乳類の胚の最終的に手足の指になる縞のような分節などだ。

さらにいうなら、チューリングのパターン形成理論は植物を含む生物全般にあてはまるかもしれない。なにしろ基本要素はきわめて単純だ。正のフィードバックで自己増幅するプロセスとそれを抑制するプロセスがあって、その二つが異なる速度で系全体に拡散すればよい。この要素があれば、現われるパターンはどんなケースでもだいたい同じになる可能性が高い。

アフリカと中東の半乾燥気候地域では、草は乾いた大地を一様に覆うのではなく、入り組んだ迷路のように生えていて、ある種の魚に見られる渦巻きの柄のように見える。草むらは、たまにしか降らない雨をうまく受け止めることのできたものだけが生き残る。草がうまい具合にかたまって生えているところは、雨水をせき止め、周囲の水を奪いとることで生き残る。このプロセスの数理モデルによると、斜面では雨水が一方向に流れるため、草むらは縞状になるのに対し、平坦な土地ではランダムに小さい凸凹があるためにパターンは点になりやすい。また、雨量が増加するにつれて点は絡み合う縞になり、さらに点々と穴のあいたカーペット状になることもモデルから予測されている。自然観察の結果もこれを裏づけているようだ。

自己組織化する世界

チューリングの理論は「アリの墓場」や砂漠の砂のさざ波模様、さらに海洋プランクトンの集団、都市の犯罪発生地区といった多種多様なパターンの説明にもなると考えられている。それは自然の普遍的な原理の一つのように思える。のっぺりしてつまらない均一性は、その原理によってむらに変わり、変化に富んだパターンが生じる。そのパターンは何かの役に立つこともあるだろうし、役に立たなかったとしても、そのほとんどが美しい。自然が創造性を発揮してつくり上げたといっても大げさではないだろう。

また、これは自己組織化の典型的な一例でもある。単純なルールにしたがって相互作用する多くの構成要素を含む系が、自発的に複雑な構造になっていくのが自己組織化である。チューリングの理論では、動きまわって反応するモルフォゲン分子がその要素だった。だが、砂の粒子も、植物や水も、動物も自己組織化する。チューリングは理論を方程式で表わし、拡散したモルフォゲンに一斉に起こることを記述したが、系の個々の要素は自分の周辺環境だけを「わかって」いればよい。見えるのは隣近所だけで、ルールに則ってそれらと反応するのみである。そのルールにはチューリングが記述した動かないパターンを生むものもあれば、鳥や魚の群れのような動きのあるパターンを生むものもある。

こうしたことは、生命の仕組みがいかに巧妙に働いているかを感じさせる。分子レベルでは分子が相互作用して生物をつくり、その生物のレベルではそれらが集団になって生息環境をつくる。例えばシロアリは化学物質のフェロモンやそのほかの信号を交わして協力し合い、泥と唾液で高層の巣をつくる。この巣は比率にすれば人間の超高層ビルよりも高く、女王の産卵室や食料の菌類を育てる栽培室や空気口を備えている。この大建造物は誰が設計したものでもない。シロアリが一匹一匹、自分の小さい仕事をこなすことで自然に建ちあがったのである。

私たち人間も同じことをしている。都市はそれ自体が有機体であり、一つの生態系と考えてよい。独自の新陳代謝があり、輸送網があり、パターンがある。全体としてみれば、設計者はいない。有機的な活力をもちつつ、一方では病みもすれば衰弱もする。だからこそ、私たちは自己組織化を理解する必要がある。私たち人間はそれなしには存在しえないのである。

ボディプランの数学

温かい海に棲むゴカイの仲間のイバラカンザシは全身が飾りのようだが、数学的な規則性のあるデザインだ。生物がこのような規則的な構造をもつのはなぜなのだろうか。

縞
縞は自然がつくる模様の代表的なものの一つである。インド太平洋に生息するイソギンチャク（1）とバーチェルシマウマ（2）。

命あるものの印
大型哺乳類の毛皮の模様は様々だ。斑点と縞のほか、輪が途切れて花のように見える模様や多角形の網目模様もある。どれも同じ生化学的なパターン形成プロセスから派生したものだろう。

細部が肝心
トンボのような小さい生きものも細かな模様で体を飾っている。そのせいでよく目立つとしたら、求愛と交尾で役に立っているのだろう。

羽毛のアート

鳥の羽の模様は群を抜いて豪華だ。上の写真の色の中でも、とくに緑と青は色素によるものではない。チョウの羽の鱗粉の突起と同様に、羽枝の微小な構造が光を反射してできる色である。色は羽の成長途中に決まるが、そのあとで羽が羽枝に分裂するため模様はつながっている。羽枝が等間隔で並んでいるのも生化学的なパターン形成プロセスによるものと考えられている。

斑点と縞　265

鱗にも
爬虫類と両生類はとりわけカラフルな模様をまとう。点描画のようにいろいろな色を使ってよく目立つものもいる。鱗の下の皮膚のカンバスにも幾何学的ともいえる規則的な模様があることに注目してほしい。多角形に分割されたカメの甲羅、タイル様に並んだ鱗、カメレオンのぶつぶつの皮膚などである。

羽ばたくパターン

目玉模様、山形模様、縞、翅脈など、チョウには（ときには幼虫も）得意な模様の要素がある。捕食者への警告、カムフラージュ、擬態、仲間の認識など、多くの目的に合わせて組み合わされる。

斑点と縞　267

繰り返し
昆虫の多くは体節があり、ほぼ同じ模様が繰り返される。

斑点と縞 **269**

形に沿って曲げる
アラン・チューリングが理論を立てた化学物質によるパターン形成プロセスは、左右対称性が見事に現われた甲虫の模様の基礎になっていると考えられる。模様は体の大きさと鞘翅の湾曲に合わせて形づくられるようだ。

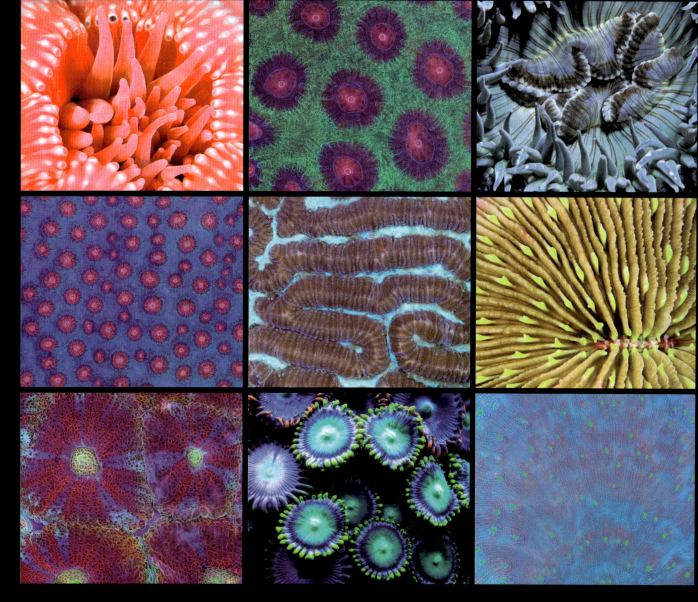

海の星座
イソギンチャクとサンゴは様々な形と構造と模様を見せてくれる。規則性は成長途中でしわが寄ることで生じるもの、遺伝子の指示で正確に決まっているもの、色素沈着の自己組織化によるものがある。

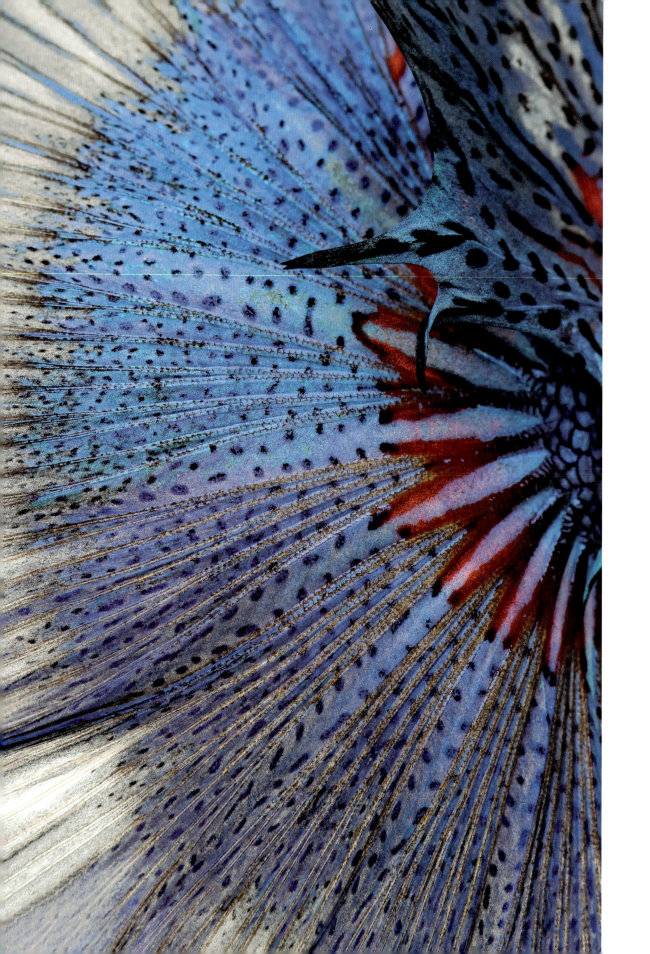

水中の虹
魚の模様はチューリング・パターンの典型的な斑点と縞だが、そこに手を加えればもっとにぎやかなデザインになる。

274 自然がつくる不思議なパターン

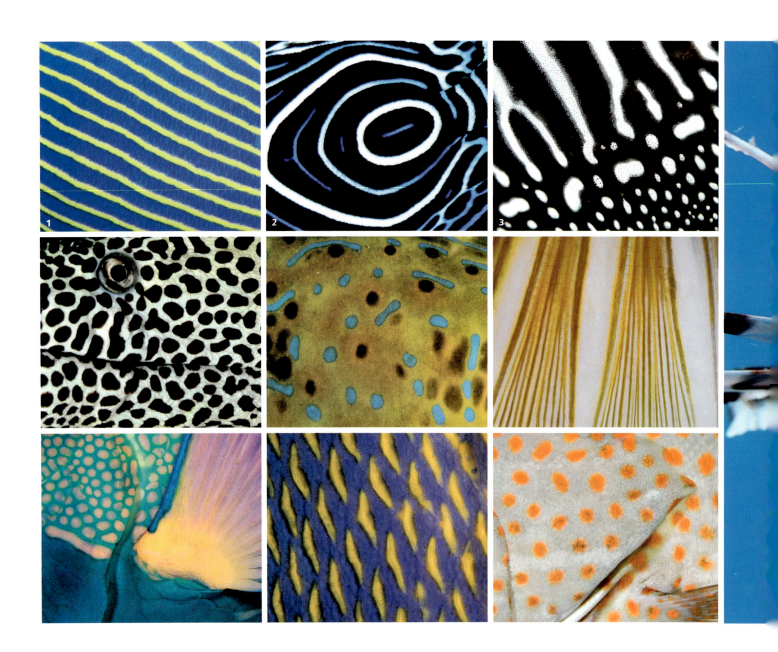

デザインをひとひねり
魚の模様にはタテジマキンチャクダイ（1）の例のようにきわめて規則的なものがある。だが、模様は「カンバス」のふちが広がるとともに基本パターンが変化し、例えば縞なら分裂して斑点になることがある（3）。成長するにつれて模様がずれていき、同じ模様がただ拡大するのではなく、縞の本数が増えるケースもある。タテジマキンチャクダイ（1と2）がその例だ。

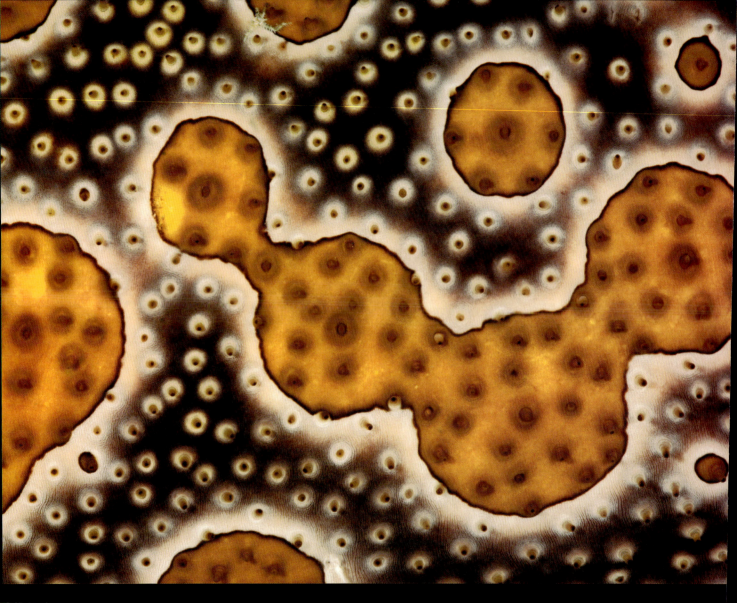

合体する島々

ジャノメナマコの島状の丸いまだらは接近しすぎてくっつくことがある。くびれた様子が、まるで分裂する細胞のようだ。黒い輪郭とその中の目玉模様、白っぽい「沿岸の海」など、この模様はどこかSF的で、クレーターだらけの見知らぬ惑星

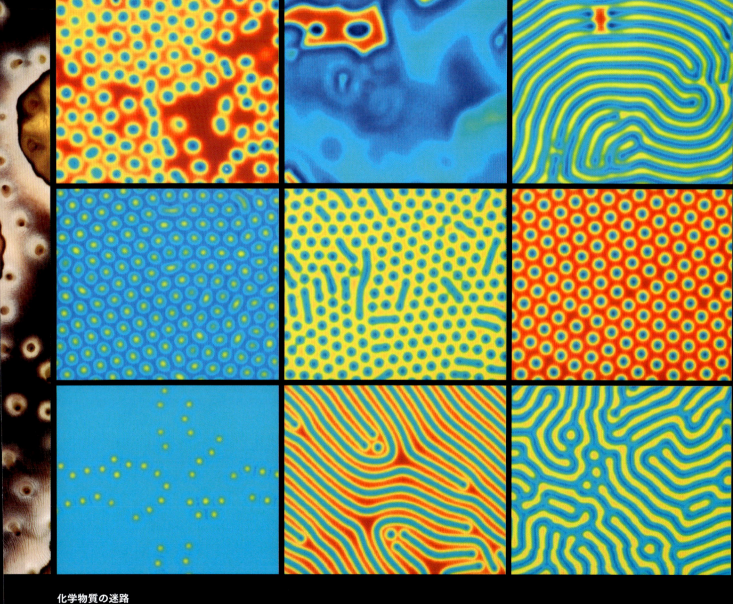

化学物質の迷路
チューリングの数理モデルに基づいて、化学物質を反応させて生成したパターン。生物をまねるかのように絶えず成長

美しく花開け
色素で飾られた葉と花は昆虫に見つけてもらいやすい。鳥の羽に似ていることは、ゴクラクチョウカ（極楽鳥花）(1) という名にずばり表われている。

虹の帯

自然は「必要」以上に美しいのではないだろうか。ムラサキツユクサ（左）の虹色の帯の美しさは、進化論的な「適応」では説明しにくい。一方、サルノコシカケ（右）の縞は反応周期による偶然の結果だが、木の年輪のようにも見える。動物学者のダーシー・トムソンが指摘しているように、自然には成長過程にたどってきたとおりの姿になるものがある。形は成長の履歴を記録しているのである。

2

用語集

[活性抑制因子系]
1952年にアラン・チューリングが提唱したパターンを形成する系。2種類(ないしそれ以上)の成分が相互作用して勢力範囲を形成し、それが点や縞などのパターンに見える。

[対流]
密度の差によって起こる流体(液体ないし気体)の流動。密度の差は流体内部での温度の差から生じる。

[フラクタル]
部分を拡大しても全体と同じ形がスケールを小さくしながら繰り返される構造ないし物体。

[カルマン渦列(かるまんうずれつ)]
流れが障害物を通過するときに現われる規則的な渦の列。

[対数らせん]
中心から遠くになるにつれて、らせん幅が広くなるらせん(厳密には、対数を含む方程式で記述される曲線のこと)。

[葉序(ようじょ)]
植物の葉が茎に対して配列するときの様式。

[周期的極小曲面]
3次元空間に平均曲率ゼロで広がる曲面。平均曲率がゼロになるのは、曲率のプラス値とマイナス値が打ち消しあうためである。曲面が結晶のように同じ形を繰り返して(周期的)迷路状になる。

[準結晶]
周期性をもたないにもかかわらず、原子配列に高い秩序性があり、「結晶と同じように」X線回折像に点が現われる構造の物質。パターンが5回対称や8回対称などの「禁じられた」対称性をもつということになる。

[反応拡散系]
成分が、ランダムな拡散によって動きまわりながら互いに反応する系。運動のある化学波や運動のない点や縞など、さまざまなパターンが生じる。

[対称性の破れ]
系の高い対称性が低い対称性になること。完全に均一だった系からパターンが生起するのはその一例で、これにより空間において方向性が生じる。

[自己組織化]
系が外部からの影響を受けずに、成分間の相互作用により自律的に秩序やパターンを生じさせるプロセス。

[自己相似性]
物体の部分が全体と似ている性質。樹木の枝はその一例。フラクタルの典型的な特徴である。

[乱流]
流体の流れ場の状態。流れが非常に乱れ、ある時点の状態からそのあとのある時点の状態が予測できない。乱流は無秩序に見えるが、渦などの比較的秩序のある構造が現われたり消えたりする。すべての流れは速度が充分に速くなると乱流になる。

参考図書

　本書で扱った内容は既刊の拙著『Nature's Patterns : Shapes, Flow, and Branches（Oxford University Press、2009年、『かたち』、『流れ』、『枝分かれ』として早川書房より邦訳出版、2011〜2012年）』でより詳しく論じている。この三部作はその前の『The Self-Made Tapestry（Oxford University Press、1999年）』に大幅に加筆したものである。

　自発的なパターン形成に関するすぐれた研究には、イアン・スチュアートの『What Shape is a Snowflake?（Weidenfeld & Nicolson、2001年、『自然界の秘められたデザイン　雪の結晶はなぜ六角形なのか?』として河出書房新社より邦訳出版、2009年）』と『Fearful Symmetry（Penguin、1993年、『対称性の破れが世界を創る――神は幾何学を愛したか?』として白揚社より邦訳出版、1995年）』がある。

　また、パターン形成を生物学的側面から捉えたものとして、ブライアン・グッドウィンの『How the Leopard Changed its Spots（Princeton University Press、2001年、『DNAだけで生命は解けない――「場」の生命論』としてシュプリンガー・フェアラーク東京より邦訳出版、1998年）』およびリカルド・ソーレとのより専門的な共著『Signs Of Life : How Complexity Pervades Biology、Basic Books、2000年）』を挙げよう。

　この100年でこの分野は大きく進歩したが、1917年のダーシー・トムソンの名著『On Growth and Form（Dover Publications から復刻版、1992年、『生物のかたち』[抄訳]、東京大学出版会、1973年）』の革新的な視点と的確さはいまも少しも色褪せない。Doverの復刻版のほかに、Cambridge University Pressが1961年に出版した簡易版がある。後者はこの分野にあまりなじみのない人が、手はじめに読むのによいかもしれない。

　ビジュアル版では、ピーター・スティーブンズの『Patterns in Nature（Little Brown & Co、1974年、『自然のパターン――形の生成原理』として白揚社より邦訳出版、1994年）』に勝るものはいまだにないだろう。

フィリップ・ボール

索引

[あ]
アメンボ ································· 108-109
アユイ, ルネ＝ジュスト ························· 190
アルキメデス ··································· 80
泡 ·························· 162-169, 170, 174-175
──泡の塊 ···································· 166
──泡の層 ····················· 164, 166, 170-171, 173
イスラム芸術 ······························· 6-7, 194
イソギンチャク ········ 16, 38-41, 253, 256, 270-271
稲妻 ························· 6, 222, 226, 231, 234-235
ウイルス ································ 212-213
渦 ·································· 81, 98-99, 100-103
渦鞭毛藻 ····································· 181
渦巻銀河 ···································· 104-105
ウニ ······························ 15, 168, 182-183
液晶 ······················· 193, 195, 199, 206-207
X線結晶構造解析 ···················· 193-194, 213
円石藻 ···································· 180-181
エンゼルフィッシュ ······················ 253, 274

[か]
海岸線 ······················ 49-50, 59, 225-226
カイメン ····································· 179
カイロウドウケツ ····························· 179
カエル ····························· 35, 248, 251
化学反応による模様 ························ 251-254
化学誘引物質 ····················· 142-145, 158-159
カシパンウニ ································· 15
火星の砂漠 ······························ 149, 160-161
河川網 ······················ 61, 222, 230-231, 238-239
活性抑制因子系 ······················· 251-254, 277
花粉 ·································· 8-9, 24-25
カムフラージュ ·························· 248, 266
カメレオン ································ 84, 264
殻 ··················· 80-81, 90-93, 149, 151-153, 198

カルマン渦列 ············· 108-109, 111, 124-125
川、河川 ·············· 60-61, 112-114, 126-129, 222, 225
干渉による色 ········ 145, 176-178, 198-199, 204-207
木
──木のひび割れ ···························· 229
──木の節 ···································· 117
キイロタマホコリカビ ················ 142-143, 145, 148
気管支 ··································· 48, 52
木の枝分かれ ···················· 48-49, 51-52, 64-65
キノコ ······································· 281
木の根 ······································· 64
極小曲面 ······························ 167-168, 178
亀裂 ···································· 220-245
クジャク ·································· 35, 249, 263
雲 ···················· 68-69, 111-112, 124-125, 129-131
クモの巣 ·································· 20, 186
クラゲ ·································· 16, 26-27
クラドニ図形 ······························ 143, 145
群 ·· 190
珪藻 ····································· 168-169, 181
結晶 ······································· 188-219
ケプラー, ヨハネス ······················· 190, 193
ケミカルガーデン ···················· 196-197, 214-217
ケルビン＝ヘルムホルツ不安定性 ······ 111, 130-131
小石 ······································· 15, 20
甲虫 ·· 269
鉱物デンドライト ····················· 50-52, 54-57
氷の結晶→氷晶
コガネウロコムシの仲間 ······················ 168
個体数の変動 ································· 146
昆虫の眼 ································· 166, 184-185

[さ]
細菌の成長 ····························· 158-159
サイクロン ····································· 81

魚 ·· 36-37
──魚群の集団運動 ······················ 122-123
──模様 ································ 253, 272-275
砂丘／砂漠 ············· 134-135, 140-141, 149, 156-157
サボテン ···································· 86-87
サンゴ ··································· 38, 271
自己触媒反応 ························· 146, 148-149, 251
自己組織化 ······ 16, 20, 83, 114, 133-134, 142, 146,
149, 229, 248, 254, 271
シダ ··· 50
シマウマ ······················ 35, 247-248, 251-253, 256-257
地面の模様 ····························· 114, 138-139, 254
指紋 ······································ 83, 86
ジャイアンツ・コーズウェイ ······· 220-221, 228-229,
232-233
ジャボチンスキー, アナトーリ ················ 145
周期的極曲面→極小曲面
樹枝状成長 ························ 192-193, 196, 200-203
準結晶 ···································· 193-195
シロアリの巣 ································· 254
しわ ····································· 83, 86
地割れ ····································· 223
進化 ····························· 8, 171, 248, 251
侵食 ······················ 50, 136-137, 225, 238-239
心臓 ····································· 145, 148-149
振動反応 ··························· 145-146, 148-149, 152
砂のさざ波模様 ··················· 16, 146-147, 149-150
砂の侵食 ································ 136-137
星雲 ·· 74-77
生体鉱物形成作用 ·············· 149, 168-169, 172-173,
179-183
『成長とかたち』（トムソン） ···················· 8, 10
生物の模様 ································ 246-281
絶縁破壊 ································ 226, 231
せっけんの泡→泡

[た]

ダーウィン, チャールズ ………… 8, 16, 110, 164, 248
ダ・ヴィンチ, レオナルド ………… 108, 111
対称性 ………… 14-45
──左右対称 ………… 15-16, 22-23, 30-37
──対称性の破れ ………… 16-19
太陽黒点 ………… 113
対流 ………… 113-114, 139
蛇行 ………… 113-115, 126-127
竜巻 ………… 100-101
断層 ………… 236-237
地形形成 ………… 225-226, 228-229, 232-233
チューリング, アラン ………… 251-254, 269
チョウ ………… 30, 32-33
──模様 ………… 253, 266-267
──鱗粉 ………… 168, 176-178
デビルズ・ポストパイル ………… 228, 240-241
テントウムシ ………… 248, 253
トムソン, ダーシー・ウェントワース ………… 8, 10, 280
トラ ………… 34-35, 248
トンボ ………… 260-261

[な]

ナマコ ………… 276
波 ………… 132-133, 140-161
ニュートン, アイザック ………… 196
粘菌 ………… 142-145, 148

[は]

葉 ………… 70-71
──模様 ………… 278, 280
肺 ………… 48, 54
バイオミネラリゼーション ………… 149, 168-169, 172-173, 179-183
ハチ ………… 164, 171
ハチの巣 ………… 164-166
爬虫類の模様 ………… 264-265
バッタの群れ ………… 118-119
羽（鳥） ………… 249, 262-263
ハリケーン→サイクロン
反応拡散系 ………… 146, 148-149, 251
反応拡散プロセス ………… 146, 148-149, 251
ビスカスフィンガリング ………… 242-243
ヒトデ ………… 15-16, 19, 28-29
ヒドラ ………… 17
ひび割れ ………… 220-245
ヒマワリ ………… 82, 88-89
ヒョウ ………… 248, 252-253, 258-259
氷晶／氷の結晶 ………… 192-193, 195-196, 201-203, 210-211
表面張力 ………… 111, 166, 187, 242
ファインマン, リチャード ………… 10
フィボナッチ数列 ………… 82, 88-89
フィンガルの洞窟 ………… 228
フクロウ ………… 23
フサホロホロチョウ ………… 8, 262
フラクタル ………… 46-77, 225-226, 234
プラトン ………… 14
平面充填 ………… 193-195
ヘッケル, エルンスト ………… 18-19, 168
ベロウソフ, ボリス ………… 145
ベロウソフ＝ジャボチンスキー反応（BZ 反応） ………… 145-146, 148-149
ペンキのひび割れ ………… 228, 233
放散虫 ………… 168, 172-173

[ま]

マツボックリ ………… 82, 97
マンデルブロ, ベノア ………… 50, 225
マンデルブロ集合 ………… 50, 72-73
水しぶき ………… 42-45
ムクドリの群れ ………… 114, 118-119
瑪瑙（めのう） ………… 10-11, 148, 154-155
木星の大気 ………… 110-112

[や]

ヤスデ ………… 84-85
山 ………… 66-67
釉薬 ………… 227, 229
雪の結晶／雪片 ………… 190, 193, 195-196, 210-211
葉序 ………… 82, 86-89, 96-97
幼虫 ………… 168, 266

[ら]

らせん ………… 21, 78-105
──アルキメデスのらせん ………… 80
──対数らせん ………… 80-82, 84-85, 90-93
乱流 ………… 74-77, 108, 110-112, 128-129
リーゼガングの環 ………… 11, 145, 154-155
リチャードソン, ルイス・フライ ………… 112
リヒテンベルク図形 ………… 226, 244-245
リュウケツジュ ………… 50, 62-63
粒状斑（グラニュール） ………… 113-114
流体 ………… 52, 100-103, 106-139, 242-243
ロトカ, アルフレッド ………… 146

クレジット

この欄で紹介できなかった多くのコンテンツ提供者の皆様に、お詫びと感謝の気持ちをお伝えします。増刷時には加筆修正しますので、出版社までご連絡ください。
略語：t＝上段、b＝下段、l＝左、c＝中央、r＝右、tl＝上段左、tc＝上段中央、tr＝上段右、cl＝中段左、cc＝中段中央、cr＝中段右、bl＝下段左、bc＝下段中央、br＝下段右

A. Martin UW Photography, Getty Images, p.39
Aabeele, Shutterstock.com, p.152
Abromeit, Jacqueline, Shutterstock.com, p.16tl
AlessandroZocc, Shutterstock.com, p.116
Alslutsky, Shutterstock.com, p.30tr/bl
AMI Images/SPL, p.24
Anderson, I., Oxford Molecular Biophysics Laboratory, SPL, p.213br
Andrushko, Galyna, Shutterstock.com, p.147l
Anest, Shutterstock.com, p.165
Anneka, Shutterstock.com, p.70br
Apples Eyes Studio, Shutterstock.com, p.83r
AppStock, Shutterstock.com, p.267
Arndt, Ingo, Getty Images, p.153bl
Arndt, Ingo, Shutterstock.com, pp.120–121
Artcasta, Shutterstock.com, pp.103br, 233b
Australian Land City, People Scape Photographer, Getty Images, p.234
Bell, James, SPL, pp.199, 207b
Ben-Jacob, Eshel, and Brainis, Inna, Tel Aviv university, pp.158–159
Beyeler, Antoine, Shutterstock.com, p.97br
Bidouze, Stephane, Shutterstock.com, p.71
Bildagentur Zoonar GmbH, Shutterstock.com, pp.114, 258, 265bl
Bipsun, Shutterstock.com, p.93
Breger, Dee, SPL, p.173br
Bridgeman Art Library, p.111l/r

Burdin, Denis, Shutterstock.com, p.141
Burrows, Chris, Getty Images, p.278bl
BusÄ Photography, Getty Images, p.238tr
Bush, John, Massachusetts Institute of Technology, p.109
BW Folsom, Shutterstock.com, p.15l
Cafe Racer, Shutterstock.com, p.64br
Cahalan, Bob, NASA, US Geological Survey, p.125t
Cahill, Alice, shutterstock.com, p.227
Carillet, David, Shutterstock.com, p.153tr
Carrie Vonderhaar/Ocean Futures Society, Getty Images, p.129tl
Checa, Antonio, University of Granada, p.182tl
Chua, Jansen, Shutterstock.com, pp.260–261
Chudakov, Ivan, Shutterstock.com, p.224
ChWeiss, Shutterstock.com, p.56tr
Clapp, David, Getty Images, p.137tr
Claude Nuridsany & Marie Perennou, SPL, p.208t
Clearviewstock, Shutterstock.com, p.232
CNES 2006 Distribution Spot Image, SPL, pp.156–157
Coffeemill, Shutterstock.com, p.247
Coleman, Clay, SPL, p.40br
Corbis, pp.49r, 58, 59l
Courtesy and photography by Florence Haudin, Experiments were performed in the Université libre de Bruxelles in Non Linear Physical Chemistry Unit, with Pr Anne De Wit, Dr Fabian Brau (ULB) and Pr Julyan Cartwright (University of Granada), pp.214–15
Cultura RM/Henn Photography, Shutterstock.com, p.230
Cultura Science, Alexander Semenov, Getty Images, p.40tr
Cultura Science/Jason Persoff Stormdoctor, Getty Images, pp.102
Cultura Travel/Philip Lee Harvey, Getty images, p.126
D. Kucharski K. Kucharska, p.186
D3sign, Shutterstock.com, p.235
Daniels, Ethan, Shutterstock.com, pp.38tl, 107
Dave, Fleetham, Shutterstock.com, p.271tl
Davemhuntphotography, Getty Images, p.34
Davidson, Michael W., SPL, pp.195, 206
Demin, Pan, Shutterstock.com, p.26bl
Depner, Joe, Vital Imagery Ltd, p.243
Dimitrios, Shutterstock.com, p.29tl
Dirscherl, Reinhard, Getty Images, p.275
Dmitrienko, Yury, Shutterstock.com, pp.82l, 104–105
Domnitsky, Shutterstock.com, p.265br
Donjiy, Shutterstock.com, p.35tr
Downer, Nigel, SPL, p.278bc
Dr Kessel, Richard & Dr Shih, Gene, Getty Images, p.94tr
Dr Wheeler, Keith, SPL, p.191
Dr Winfree, Arthur, SPL, pp.147r, 148l
Durinik, Michal, Shutterstock.com, p.70cl
Easyshutter, Shutterstock.com, p.96
Education Images, Getty Images, p.112
Edwards, Jason, Getty Images, p.128
Eetu Lampsijärvi, Getty Images, pp.88–89
Eremia, Catalin, Shutterstock.com, p.67
Esolla, Shutterstock.com, p.13
Evadeb, Shutterstock.com, p.86tr
Eye of Science, SPL, p.179b
Filip Gmerek, Michal, Shutterstock.com, p.84
Fisher, Trevor, Shutterstock.com, p.193
Fleetham, Dave, Design Pics, Getty Images, pp.4c, 123b, 273bc
Fleetham, David, Visuals Unlimited, Inc., Getty Images, p.271cr
Flood, Sue, Getty Images, pp.138–139
FLPA/Alamy Stock Photo, p.130
Foto76, Shutterstock.com, p.64bc
Fox, Tyler, Shutterstock.com, p.38tr
Fox, Tyler, Shutterstock.com, pp.271tc/cl/c/bl/bc/br
Frans Lanting, Mint Images, SPL, pp.262tl/tc/bl/bc/, 278tr, 279
Furlan, Borut, Getty Images, pp.29bl, 273c/cl, 274bl,
Gadal, Damian P., Getty Images, p.137bl
Gam1983, Shutterstock.com, p.38br
Gay, Garry, Shutterstock.com, p.153tl

Gil.K, Shutterstock.com, p.87
GingerOpp, Getty Images, p.137tl
Gmsphotography, Getty Images, p.228
Gram, Ana, Shutterstock.com, p.51tr
Gregory, Fer, Shutterstock.com, p.100–101
Gschmeissner, Steve, SPL, pp.173tl/tr
Guido Amrein, Shutterstock.com, p.81l
Guilliam, James A.,Getty Images, p.278tl
Gulin, Darrell, Getty Images, pp.32bl, 262tr
Gurfinkel, Vladislav, Shutterstock.com, p.98
GustoImages, SPL, p.28
Guzel Studio, Shutterstock.com, p.54
Haarberg, Orsolya, Getty Images, p.137br
Haase, Andrea, Shutterstock.com, p.92bl
Hagiwara, Brian, Getty Images, p.95
Hallas, Tony & Daphne, SPL, pp.5, 74–75
Hanus, Josef, Shutterstock.com, p.238bl
Hart-Davis, Adam, SPL, p.143tr
Hasrullnizam, Shutterstock.com, p.38cr
Haudin, Florence, Paris Diderot University, pp.214–215
Hill, Chris, Shutterstock.com, p.90
Hinsch, Jan, SPL, p.181t
Homemade, Getty Images, p.203b
Hunta, Aleksandr, Shutterstock.com, p.65
Hunter, Butterfly, Shutterstock.com, pp.38cl, 265c
Huyangshu, Shutterstock.com, p.238tl
Hye, Alex, SPL, p.41
Igor Siwanowicz/SPL, pp.21, 31
Isselee, Eric, Shutterstock.com, pp.1, 35br, 36, 265tr
iStock Photos, p.7, 103tl
Ittipon, Shutterstock.com, p.16b
Izmaylov, Midkhat, Shutterstock.com, p.238br
Jack Photo, Shutterstock.com, p.38bc
Jackson, Alex, Shutterstock.com, p.70cr
Janicki, Sebastian, Shutterstock.com, p.30tl
Javarman, Shutterstock.com, p.66
Jencks, Charles, p.145
Jongkind, Chris, Getty Images, p.123t
jps, Shutterstock.com, p.22
Jupiterimages, Getty Images, p.239
K.Narloch-Liberra, Shutterstock.com, p.70tc
Kaewkhammul, Anan, Shutterstock.com, pp.259bl/c
Kage, Manfred, SPL, p.173bl
Kapor, Goran, Shutterstock.com, p.30br
Keattikorn, Shutterstock.com, p.64tr
Keifer, Cathy, Shutterstock.com, p.264
Kinsman, Edward, SPL, pp.5bl, 244–245
Kinsman, Ted, SPL, pp.143b, 148l
Kletr, Shutterstock.com, p.29tr
Krahmer, Frank, Getty Images, p.198
kuleczka, Shutterstock.com, p.92tr
Kundej, Sarawut, Shutterstock.com, p.17l
Kyslynskyy, Eduard, Shutterstock.com, p.265cl
Ladtkow, Tanner, Read, Tim, Fabri, Andrea, University of Colorado at Boulder, p.242r
Lewis, Vickie, Getty Images, p.278br
Libbrecht, Kenneth, SPL, pp.210, 211l/c/r
Lippert Photography, Shutterstock.com, p.86br
Looker_Studio, Shutterstock.com, 70bl
Los Alamos National Laboratory, SPL, p.276
Lye, Jordan, Shutterstock.com, p.129tr
M88, Shutterstock.com, p.187bl
Marent, Thomas, Getty Images, p.94bl
Mario7, Shutterstock.com, p.265cr
Markkstyrn, Dornveek, Getty Images, p.92br
Maxim, Kostenko, Shutterstock.com, p.167
Mayatt, Anthony, Getty Images, p.35tl
Michler, Astrid & Hanns- Frieder, SPL, p.205l
Microscape, SPL, p.209
MikhailSh, Shutterstock.com, p.97tl
Mille, Christian (ABB, Västerås), Tyrode, Eric Claude (KTH, Royal Institute of Technology, Stockhom), Corkery, Robert William (KTH Royal Institute of Technology, Stockhom), p.178t/b
Miller, Josh, Getty Images, p.251l
Milse, Thorsten, Wildlife Photography, Getty Images, p.60tr
Mimi Ditchie Photography, Getty Images, p.153br
Minakuchi, Hiroya, Getty Images, p.26tr
Munns, Roger, Scubazoo, Getty Images, p.274br
My Good Images, Shutterstock.com, p.47
Nagel Photography, Shutterstock.com, p.16tr
Napat, Shutterstock.com, p.5br, 272
NASA, ESA, ESO, D. Lennon and E. Sabbi (ESA/STSCI), SPL, pp.76–77
NASA, Oxford Science Archive, Heritage Images, Getty Images, p.110
NASA, pp.160–161
NASA, SPL, Getty Images, p.103bl
Naturepl.com, pp.8, 26br, 27, 32tr/br, 33, 35bl, 37, 40tl, 60br, 62, 115, 117, 122, 129bl, 136, 144, 174–175, 250, 251r, 252, 253, 256, 259t/tc/tr, 259bc, 262c/cr/ br, 265tl/tc/bc, 265b, 266tl tr/bl/b, 268tl/tr/bl/br, 269bl, 271tr, 273tl/cl/bl/br, 274tr cl/c/cr, 275
Nishinaga, Susumu, SPL, pp.9, 25
NOAA/University of Maryland Baltimore County, Atmospheric Lidar Group, p.125b
Noorduin, Wim, Harvard University, p.197
Noppharat, Shutterstock.com, p.50br
Novikov, Konstantin, Shutterstock.com, p.38c
Nureldine, Fayez, Getty images, p.118–119

Olga, Romantsova, Shutterstock.com, p.97bl
Olgysha, Shutterstock.com, p.187r
Omikron/SCIENCE PHOTO LIBRARY, p.213tr/bl
Orlandin, Shutterstock.com, p.38tc/bl
Oxford Scientific, Photolibrary, Getty Images, p.23
Paklina, Natalia, Shutterstock.com, p.82r
Parkin, Johanna, Getty Images, p.94br
Parviainen, Pekka, SPL, p.201, 203t
Pasieka, Alfred, SPL, pp.194, 208b
Pasieka, Alfred, SPL, pp.200, 202, 204, 207t
Patrice6000, Shutterstock.com, p.5cl, 11, 154, 155
Paves, Heiti, Shutterstock.com, p.184
PearlNecklace, Shutterstock.com, p.86tl
Petrakov, Vadim, Shutterstock.com, p.49l
Philippe Crassous, SPL, p.181bl
Philippe Playilly, SPL, p.148r
Pierre Carreau Photography, www.pierrecarreau.com, pp.132–133
Pigtar, Shutterstock.com, p.259cl
Pitcairn, Marty, Shutterstock.com, pp.2, 263
Price, Joe Daniel, Getty Images, p.221
Proskurina, Valentina, Shutterstock.com, p.103tr
PzAxe, Shutterstock.com, p.233t
Rahme, Nikola, Shutterstock.com, pp.176–177
Ralph C. Eagle, Jr., SPL, pp.205r
rck_953, Shutterstock.com, p.70c

Relu1907, Shutterstock.com, p.81r
Reugels, Markus, Getty Images, pp.4t, 42, 42, 44–45
Richter, Bernhard, Shutterstock.com, p.92tl
Richter, Mike, Shutterstock.com, p.192
Rosenfeld, Alexis, SPL, p.40bl
Rotman, Jeff, Getty Images, pp.273tc, 274bc
Sailorr, Shutterstock.com, p.83l
Saloutos, Pete, Shutterstock.com, p.91
Sarah Fields Photography, Shutterstock.com, p.225
Sarjeant, Iain, Getty Images, p.280
Schafer, Kevin, Shutterstock.com, pp.236–237
Scott Camazine, SPL, p.53
Seliutin, Roman, Shutterstock.com, p.86bl
Selivanov, Fedor, Shutterstock.com, p.149
Semnic, Shutterstock.com, p.223
Serg64, Shutterstock.com, p.229l
Sgro, Jean-Yves, Visuals Unlimited, Inc., SPL, p.212
Shah, Anup, Getty Images, p.257
Shebeko, Shutterstock.com, pp.68–69, 166, 170
Shutter, Daimond, Shutterstock.com, p.70tr
Siambizkit, Shutterstock.com, pp.64tl/bl
Siegert, Florian, Ludwig-Maximilians-Universität Munich, p.143tl
Simoni, Marco, Getty Images, pp.134–135
Smit, Ruben, Buiten-beeld, Getty Images, p.127
Spence, Inga, Alamy Stock Photo, pp.240–241

Steinbock, Oliver, Florida State University, pp.216–217
Steve Gschmeissner, SPL, p.169, 172, 180
StevenRussellSmithPhotos, Shutterstock.com, p.32
Stuchelova, Kuttelvaserova, Shutterstock.com, p.187tl
StudioSmart, Shutterstock.com, pp.163, 171
Sunset Avenue Productions, Getty Images, p.60l
Super Prin, Shutterstock.com, p.262cl
SuperStock, pp.273tr, 274tl/tc
Taboga, Shutterstock.com, pp.5t, 79
Tarrier, Keith, Shutterstock.com, p.61
Taviphoto, Shutterstock.com, p.259cr
Taylor, David, SPL, pp.216, 217
Tea maeklong, Shutterstock.com, p.266br
Tetra Images, Getty Images, p.26tl
Thomson, Alasdair, Shutterstock.com, p.51bl
Tiverylucky, Shutterstock.com, p.259br
Tomatito, Shutterstock.com, pp.5cr, 185
Tovkach, Oleg Elena, Shutterstock.com, p.249
Triff, Shutterstock.com, p.51br, 70bc
Trueba, Javier, MSF, SPL, pp.218, 219tl/bl
TungCheung, Shutterstock.com, p.15r
Turner, Andrew, Shutterstock.com, p.50bl
Uliana, Marco, Shutterstock.com,

pp.248t/b, 269tl/tr/c/br
US Geological Survey/NASA, p.124
Vacuum Tower Telescope/ NSO/ NOAO, p.113b
Vangert, Shutterstock.com, pp.55, 56tl/bl/br, 57
Verdiesen, Marc, Shutterstock.com, p.113
Visuals Unlimited, Inc., Daniel Stoupin, Getty Images, p.17r
Visuals Unlimited, Inc./Adam Jones, Getty Images, p.129br
Vlue, Shutterstock.com, p.229r
Watson, Lynn, Shutterstock.com, p.97tr
Webster, Mark, Shutterstock.com, p.270
Weerasirirut, Khritthithat, Shutterstock.com, p.85
Wellcome Trust, p.181br
Wenger, REMY, Lithopluton.CH, Look at Sciences, SPL, p.219r
WENN Ltd, Alamy Stock Photo, p.99
Wetmore, Ralph, Shutterstock.com, p.231
Wiangya, Shutterstock.com, p.94tl
Wiersma, Dirk, SPL, p.179t
Wikipedia, pp.18, 19, 72–73, 182–183, 213
Wilson, Laurie, p.131t
Winters, Charles D, SPL, pp.4b, 189
Wojcicka, Jolanta, Shutterstock.com, p.29br
Wollwerth, John, Shutterstock.com, p.59r
Woodhouse, Jeremy, Getty Images, p.63
Yuri2010, Shuttertock.com, p.70tl